U0336528

THE SIMPSONS 数学大爆炸

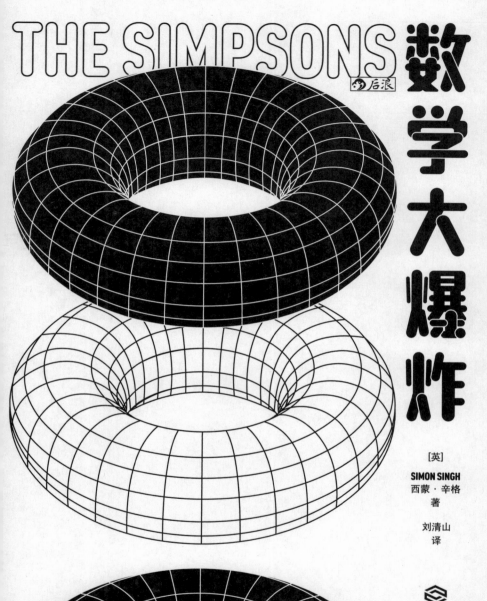

[英]

SIMON SINGH

西蒙·辛格

著

刘清山

译

江西人民出版社

全国百佳出版社

AND THEIR MATHEMATICAL SECRETS

献给

阿妮塔和哈里

$$\eta + \psi = \varepsilon$$

目录

第0章　关于《辛普森一家》的事实 /1

第1章　天才巴特（Bart）/9

第2章　你对圆周率好奇吗? /25

第3章　荷马大定理 /39

第4章　涉及数学幽默的谜题 /57

　　　　测试一 /74

第5章　六度分隔 /77

第6章　统计和棒球女王丽莎·辛普森 /91

第7章　女性代数和女性几何 /113

　　　　测试二 /127

第8章　黄金时段节目 /129

第9章　超越无穷 /149

第10章　稻草人定理 /165

　　　　测试三 /182

第11章　定格数学 /185

第12章　再谈圆周率 /203

第 13 章　荷马 ^{3} /219

　　　　测试四 /234

第 14 章　《飞出个未来》的诞生 /239

第 15 章　1,729 和一次浪漫事件 /259

第 16 章　一面之词 /277

第 17 章　富图拉马定理 /291

　　　　测试五 /306

后　记 /308

附录 1　足球领域的赛伯统计方法 /311

附录 2　理解欧拉方程 /313

附录 3　费马大定理程序 /316

附录 4　基勒博士的平方和公式 /318

附录 5　分形和分数维度 /319

附录 6　基勒定理 /322

致　谢 /324

在线资源 /327

第0章

关于《辛普森一家》的事实

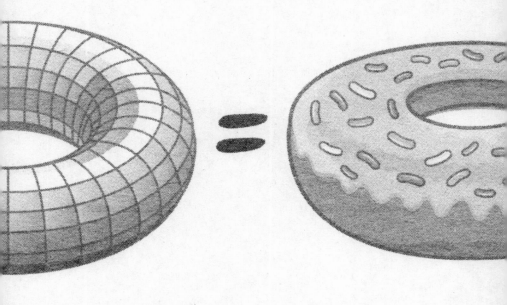

《辛普森一家》几乎是历史上最成功的电视节目了。由于它在全球范围内的持续流行，倾向于对一切事物过度分析的学术人员难免会对这部动画片的言外之意进行探索，并提出一些深刻的问题。荷马关于甜甜圈和达夫啤酒的言论隐含了哪些深意？巴特和丽莎之间的争吵是否具有其他象征意义？《辛普森一家》的编剧是否利用春田的居民探索了政治和社会争议？

一群知识分子写出了《辛普森一家与哲学》一书，认为《辛普森一家》每周为观众上了一堂哲学课。这本书声称，这部动画片的各个部分之间存在清晰的联系，并且涉及亚里士多德（Aristotle）、萨特（Sartre）和康德（Kant）等历史上伟大思想家提出的问题。书中的章节不乏"马芝的道德动机""辛普森一家的道德世界：康德视角""巴特如是说：论尼采与保持不良状态的美德"这样的标题。

《辛普森一家的心理学》一书则认为，作为春田最有名的家庭，辛普森一家可以帮助我们更加深刻地洞悉人心。这本论文集利用动画片中的例子探索了成瘾、脑叶切除术和进化心理学等问题。

相形之下，马克·I.平斯基（Mark I. Pinsky）的《辛普森一家的福音》略过哲学和心理学，专注于《辛普森一家》的精神意义。这听上去有些令人吃惊，因为片中的许多人物似乎并不支持宗教原则。经常收看这部动画片的观众应该知道，荷马一直在抗拒每周日去教堂做礼拜的压力。例如，在"异端荷马"一集（1992）中，荷马说："每周日前往某座建筑有什么意义呢？我是说，上帝难道不是无处不在吗……而且，如果我们选择了错误的宗教呢？那样一来，我们不是每个星期都在激怒上帝吗？"不过，平斯基认为，辛普森一家的冒险经历常常可以说明基督教最为珍视的诸多价值观的重要性。许多教区牧师和普通牧师也同意这种观点，一些人还将辛普森一家面临的道德困境当成了布道素材。

就连乔治·H. W.布什总统（President George H. W. Bush）也宣称，他发现了《辛普森一家》背后隐藏的真实信息。在他看来，这部动画片的目的是展示最糟糕的社会价值观。因此，他在1992年共和党全国大会上发表了一段最令人难忘的言论，这次大会也是他连任竞选活动的一个重要组成部分："我们将继续努力强化美国家庭，使之更为接近沃尔顿一家，尽力远离辛普森一家。"

几天后，《辛普森一家》的编剧做出了回应。电视台在这部动画片的播出日重新播放了"完全疯掉的父亲"（1991）。不过，这一集的片头经过了重新剪辑，加入了一个场景：辛普森一家在电视上看到了布什总统发表的关于沃尔顿一家和辛普森一家的言论。荷马震惊得说不出话来，巴特则回击了总统："嘿，我们和沃尔顿一家没什么区别。我们也在祈祷大萧条尽早结束。"

不过，所有这些哲学家、心理学家、神学家和政客都忽视了这部在全世界备受喜爱的电视节目的主要潜台词。事实上，《辛普森一家》的许多编剧对数字有近乎偏执的热爱，他们的最终愿望是将数学内容一点一滴注入观众的潜意识之中。换句话说，在二十多年的时光中，我们一直在不知不觉地观看一部介绍数学知识的动画片，这些知识既有微积分，也有几何，既有圆周率，也有博弈论，既有无穷小，也有无穷大。

"恐怖树屋六"（1995）的第三部分"荷马³"就可一窥《辛普森一家》的浓厚数学氛围。在一段连续镜头里，我们可以看到对历史上最优雅方程的致敬，只有了解费马大定理才能明白的笑话以及价值100万美元的数学问题。所有这些都与探索高维几何复杂性的背景相关。

"荷马³"一集的编剧是戴维·S.科恩（David S. Cohen），他拥有物理学学士学位和计算机科学硕士学位。这些文凭颇为不同寻常，尤其是对于电视行业从业人员而言。不过，在《辛普森一家》的编剧团队里，科恩的许多同事拥有同样令人侧目的数学背景。实际上，一些编剧拥有博士学位，甚至在学术界和工业界担任过高级研究职位。我们将在这本书中认识科恩及其同事。同时，下面也列出了五位极具书呆子气的编剧及其学位：

J.斯图尔特·伯恩斯	哈佛大学数学学士
（J. Stewart Burns）	加州大学伯克利分校数学硕士
戴维·S.科恩	哈佛大学物理学学士
	加州大学伯克利分校计算机科学硕士
阿尔·让	哈佛大学数学学士
肯·基勒（Ken Keeler）	哈佛大学应用数学学士
	哈佛大学应用数学博士
杰夫·韦斯特布鲁克	哈佛大学物理学学士
（Jeff Westbrook）	普林斯顿大学计算机科学博士

　　1999年，《辛普森一家》的一些编剧协助开发了一部该剧的姐妹篇《飞出个未来》，故事背景是在一千年以后。不出意料，他们利用这种科幻背景更加深入地探索了数学主题。所以，本书的后面几章介绍了《飞出个未来》中的数学元素，包括第一个完全为了喜剧故事情节而定制创造的真正具有独创性的数学成果。

　　在抵达这些令人陶醉的顶峰之前，我会努力证明，书呆子和极客[①]为《飞出个未来》的出现铺平了道路，使之成为大众数学的终极电视平台，向观众展示了大量定理、猜想和方程。不过，

---

① 1951年，《新闻周刊》报道说，"书呆子"（nerd）是一个在底特律流行起来的贬义词。20世纪60年代，伦斯勒理工学院的学生更喜欢将其拼作 knurd，即 drunk（醉汉）一词的反写——这意味着书呆子是社交动物的反义词。不过，随着过去十年书呆子骄傲运动的出现，这个词语现在已被数学家及其同类接受。类似地，极客时尚的流行以及《时代》杂志2005年的文章《极客将继承地球》表明，"极客"（geek）是一个被人羡慕的标签。

我不会记录"辛普森数学博物馆"中的每一件展品,因为这需要包含多达上百案例的长篇大论。相反,我会在每章专注于几件事情,包括历史上一些最伟大的突破以及当今一些最棘手的待解决问题。在每个例子中,你会看到编剧是怎样利用片中人物探索数字世界的。

荷马将戴着亨利·基辛格(Henry Kissinger)的眼镜向我们介绍稻草人定理,丽莎将向我们展示如何通过统计分析指导棒球队取得胜利,弗林克教授将会解释弗林克多面体令人费解的意义,春田的其他居民也会引出其他各种数学元素,包括梅森质数和古戈尔普勒克斯。

欢迎阅读《数学大爆炸》。

请勿错过此次趣味数学之旅。

第1章

天才巴特 (Bart)

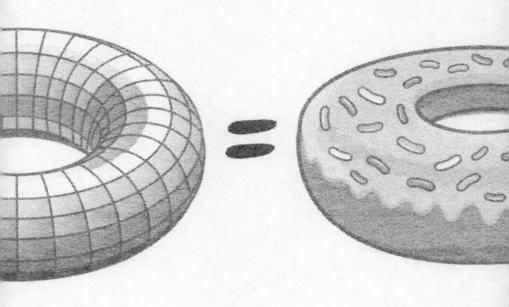

1985年，另类漫画家马特·格罗宁（Matt Groening）受邀与詹姆斯·L.布鲁克斯（James L. Brooks）见面。布鲁克斯是一位具有传奇色彩的导演、制片人和编剧，制作了《玛丽·泰勒·摩尔秀》《卢·格兰特》《出租车》等经典电视节目。就在几年前，布鲁克斯还以《母女情深》制片人、导演和编剧的身份获得三项格莱美奖。

布鲁克斯想让格罗宁参与《特蕾西·厄尔曼秀》的制作，这个节目将成为刚刚成立的福克斯电视台早期的热门节目之一。节目由英国艺人特蕾西·厄尔曼（Tracey Ullman）主演的一系列喜剧小品组成，制片人希望在这些小品之间加入一些过渡性的动画短片，他们称之为"垫场节目"。他们的首选是格罗宁的《地狱生活》，这是一部以抑郁的兔子宾奇（Binky）为主人公的系列漫画。

当格罗宁坐在接待区等待与布鲁克斯见面时，他对于对方即将提出的邀请进行了一番考虑。这将是他的重大机遇，但他的直觉告诉他，他应该拒绝这份邀请，因为《地狱生活》开启了他的职业生涯，帮助他度过了一些艰难时刻。将宾奇卖给福克斯似乎是对这只兔子的背叛。另一方面，他怎么能拒绝这样重要的机会呢？当时，坐在布鲁克斯办公室外面的格罗宁意识到，解决当前困境的唯一途径就是创造出可以替代宾奇的角色。据说，他在几分钟时间里设计出了《辛普森一家》的完整框架。

布鲁克斯很喜欢这个方案。于是，格罗宁为辛普森一家人制作了几十个动画短片。这些短片被穿插在《特蕾西·厄尔曼秀》的三季节目之中，每个短片的长度只有一两分钟。《辛普森一家》的故事本来应该就此结束，不过，制作团队注意到了一些奇怪的现象。

厄尔曼常常需要通过大量梳妆打扮塑造不同的角色。这很麻烦，因为她的演出是现场录制的。为了在厄尔曼的准备过程中为观众提供娱乐活动，有人建议将辛普森一家人的动画片拼接在一起进行播放。这些动画片之前已经播放过了，因此这是一种重复利用旧材料的投机取巧方法。不过，观众对于这些加长版动画片的喜爱程度似乎并不低于喜剧本身，这出乎了所有人的意料。

格罗宁和布鲁克斯认为，他们也许可以将荷马、马芝及其子女的滑稽表演制作成完整的动画节目。他们很快与编剧山姆·西蒙组成团队，制作了一期圣诞特别节目。他们的预期是正确的。1989年12月17日播放的"辛普森一家户外烧烤"大获成功，受到了观众和评论界的喜爱。

一个月后，"天才巴特"与观众见面了。这是《辛普森一家》真正意义上的第一集，它最先播放了该片著名的标志性片头，巴特也第一次说出了他那句臭名昭著的名言"去死吧"。最重要的是，"天才巴特"包含了一系列严肃的数学内容，在诸多方面为该片未来二十年的发展定下了基调，即不断提及数字和几何，这使《辛普森一家》在数学家心中占据了一席之地。

· · ·

回想起来，《辛普森一家》的数学倾向从一开始就相当明显。在"天才巴特"的第一个场景里，观众可以瞥见科学史上最著名的数学方程。

在该集开头，麦琪（Maggie）正在用字母积木搭建一座大楼。她在大楼顶部放置了第六块积木，然后注视着大楼上的字母序列。这个永远保持一岁年龄的婴儿挠了挠头，吸了吸奶嘴，对她创造的字母序列感到很惊奇：EMCSQU。在没有数字积木并且无法表示等号的情况下，这是麦琪可以拼出的近似表示爱因斯坦著名方程 $E=mc^2$ 的最佳字母序列。

一些人会说，从某种程度上说，虽然科学是伟大的，但被科学所利用的数学属于二等数学。不过，随着"天才巴特"剧情的展开，这些纯粹主义者还会看到其他数学内容。

当麦琪用积木拼出等式 $E=mc^2$ 时，荷马、马芝、丽莎和巴特正在玩拼词游戏。巴特得意洋洋地在木板上摆出了 KWYJIBO 一词。这个单词在任何词典上都查不到，因此荷马向巴特提出了疑问。对此，巴特回应说，这个单词表示"一种体形庞大、愚笨、秃顶的北美猿猴，没有下巴……"

在这场气氛有些紧张的拼词游戏中，丽莎提醒巴特，他明天需要在学校参加能力测试。因此，在巴特生造出 kwyjibo 一词以后，故事的场景转到了春田小学和巴特的考试。巴特面对的第一个问题是一个经典的数学问题。坦白地说，这个问题非常乏味。两列火车分别从圣塔菲和菲尼克斯出发，每列火车以不同的速度行驶，携带不同数量的乘客，这些乘客还会以奇怪而令人困惑的人数上下车。巴特被难住了。他决定作弊，把马丁·普林斯（Martin Prince）的答题纸偷过来。马丁是班上的书呆子。

巴特的计划取得了巨大的成功。他被带进了斯金纳校长（Principal Skinner）的办公室，与学校里的心理学家普赖尔博士（Dr. Pryor）见面。巴特耍了花招，在智商测试中得到了216分。普赖尔怀疑他发现了一个神童。他问巴特是否感觉现在的课程无聊而令人沮丧。巴特给出了他所预想的回答，证实了他的猜测。不过，巴特感到无聊的原因与普赖尔的设想完全不同。

普赖尔博士劝说荷马和马芝将巴特送进天才儿童强化学习中心。对巴特来说，这显然是一次可怕的经历。在第一次午休时，巴特的同学向他提出了各种包含数学和科学术语的交易，以炫耀自己的知识。一名学生提出了这样的建议："告诉你，巴特，我要从我的午餐中取出与木卫八上的保龄球重量相同的食物，换取你的午餐中与海卫二上的羽毛重量相同的食物。"

还没等巴特弄清海王星的卫星与木星卫星上的保龄球的含义，另一名同学提出了同样令人困惑的建议："我要用我的一千皮升牛奶换你的四及耳牛奶。"这是另一个毫无意义的难题，它的目的仅仅是给新同学来一个下马威。

第二天，巴特的心情变得更加糟糕，因为第一节课是数学课。老师向学生提出了一个问题。此时，我们遇到了《辛普森一家》中第一个明显的数学笑话。老师在黑板上写下了一个等式，然后说："y 等于 r 的三次方除以三。我想，如果你们正确计算出这条曲线的变化率，你们会得到一个惊喜。"

经过短暂的停顿，所有学生都算出了答案并且笑了起来，只有巴特没有笑。为了帮助困惑的巴特，老师写下了解题过程。巴特仍然没有明白。老师转向他，说道："你还不明白吗，巴特？导数 dy 等于 $3r^2dr$ 除以 3，即 r^2dr，也就是 $r\,dr\,r$。"

下一页的草图显示了老师的解释。不过，即使看了这张图，你可能仍然和巴特一样困惑。此时，你也许应该把注意力放在黑板上的最后一行。这一行（$r\,dr\,r$）不仅是问题的答案，也是笑话的笑点。这引出了两个问题：$r\,dr\,r$ 有什么可笑之处？为什么它

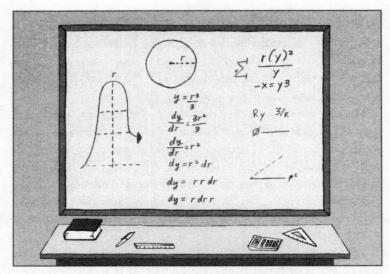

　　在"天才巴特"中，当老师提出一道微积分问题时，她使用了非常规的写法和不一致的表示法，而且她还犯了一个错误。不过，她仍然得到了正确的答案。这张草图复制了老师黑板上的内容。不同的是，这里更加清晰地展示了这个微积分问题的解法。重点是位于圆圈下面的第六行等式。

是这道数学题的答案？

　　同学们之所以发笑，是因为 $r\ dr\ r$ 与"哈迪哈哈"读音相近。

"哈迪哈哈"表示一个人听到不好笑的笑话时发出的讽刺性笑声。

"哈迪哈哈"一词是由杰基·格利森（Jackie Gleason）推广开来的，

他在20世纪50年代的经典情景喜剧《蜜月伴侣》中饰演了拉尔

夫·克拉姆登（Ralph Kramden）。接着，在20世纪60年代，哈

纳巴伯拉动画工作室创作出一个名叫"哈迪·哈·哈"（Hardy Har

Har）的卡通形象，这使"哈迪哈哈"一词变得更加流行。哈

迪·哈·哈是一只悲观的土狼，戴着平顶礼帽，它和狮子利比（Lippy the Lion）共同出现在长达数十集的动画片剧情里。

好的，这里的笑点基于 *r dr r* 的双关。不过，为什么 *r dr r* 是这道数学题的答案呢？这道题目与微积分有关，而微积分是一个臭名昭著、令人讨厌的数学科目。它在许多青少年的心中留下了阴影，也让一些成年人回想起噩梦般的经历。正像老师在提出问题时解释的那样，微积分的目标是确定一个量相对于另一个量的变化率，在这里是 *y* 相对于 *r* 的变化率。

如果你对于微积分的规则有些印象①，你可以根据这个笑话的逻辑相对轻松地得到 *r dr r* 这一正确答案。如果你对微积分怀有恐惧心理，或者有过噩梦般的经历，不要担心，我们现在不会开始一场关于微积分原理的枯燥讲座。与此相比，更重要的问题是，为什么《辛普森一家》的编剧在这部动画片中加入了复杂的数学内容？

《辛普森一家》背后的核心团队包括洛杉矶最聪明的八个喜剧作家。他们热衷于在脚本中提到人类所有知识领域的复杂概念，尤其是微积分，因为有两位编剧是数学爱好者。这两个书呆子不仅是 *r dr r* 笑话的提出者，而且从整体上使《辛普森一家》成为数学游戏的载体。

---

① 如果你对微积分比较生疏，我可能需要提醒你下面这条一般规则：$y=r^n$ 的导数是 $dy/dr=n×r^{n-1}$。如果你不了解微积分，也不必担心，这个盲点不会影响你对本章其余部分的理解。

第一个书呆子是迈克·瑞斯，我在与《辛普森一家》的编剧们相处的几天时间里见到了他。和麦琪一样，还在蹒跚学步时，他就已经在玩积木时表现出了数学天赋。他清晰地记得，他曾经注意到积木遵守二进制规则，即两个最小的积木与一个中等积木一样大，两个中等积木与一个大积木一样大，两个大积木与一个超大积木一样大。

识字后，瑞斯对数学的兴趣转变成了对谜题的喜爱。他尤其为马丁·加德纳的书着迷。加德纳是20世纪最伟大的数学普及大师，他那些充满趣味的谜题受到了各个年龄群体的喜爱。正如他的一个朋友所说："马丁·加德纳将几千个孩子转变成了数学家，将几千个数学家转变成了孩子。"

瑞斯首先阅读了《意想不到的悬挂和其他趣味数学》。之后，他将所有零花钱用于购买加德纳的其他谜题书。八岁那年，他给加德纳写了一封信，说他是加德纳的粉丝，并且提到了一个优雅的结论：回文平方数通常拥有奇数个数位。回文平方数是正写和反写都一样的平方数，比如121（11^2）和5,221,225（$2,285^2$）。八岁的瑞斯得出的结论显然是正确的，因为1千亿以内有35个回文平方数，其中只有一个——698,896（836^2）拥有偶数个数位。

瑞斯不情愿地向我承认，他在写给加德纳的信中还提出了一个问题。他问道，质数的数量是有限的还是无限的？回顾这个问题时，他有些尴尬："我可以清晰地回想起那封信。这是一个极其愚蠢天真的问题。"

大多数人会认为，瑞斯对于八岁的自己太严格了，因为答案并不是显而易见的。这个问题的背景是，所有整数都拥有因数。一个数的因数是可以将它整除的数。质数的独特之处在于，它的因数只有 1 和它本身（又叫平凡因数）。例如，13 是质数，因为它没有非平凡因数。14 不是质数，因为它还可以被 2 和 7 整除。一个数要么是质数（比如 101），要么可以分解为质因数（比如 102=2×3×17）。0 到 100 之间有 25 个质数，但 100 到 200 之间只有 21 个质数，200 到 300 之间只有 16 个质数。因此，当你这样数下去的时候，质数似乎变得越来越少。到了最后，质数会消失吗？或者，质数是无穷无尽的吗？

加德纳很高兴地向瑞斯介绍了古希腊学者欧几里得给出的证明。[①] 公元前 300 年左右，欧几里得在亚历山大第一次证明了质数的数量是无限的。奇怪的是，他假设了相反的结论，通过一种叫作"反证法"的技巧完成了证明。下面是对欧几里得证明过程的一种解释：

首先做出一个大胆的假设：假设质数的数量是有限的。

将所有质数排成一个数列：

$$P_1, P_2, P_3, \cdots, P_n.$$

---

① 意外而巧合的是，当加德纳用欧几里得的答案回复瑞斯时，他住在欧几里得大道上。

为了探索这一陈述的结果,我们可以将所有这些质数相乘,然后加上1,得到另一个数:$N=P_1 \times P_2 \times P_3 \times \cdots \times P_n+1$。这个数$N$要么是质数,要么不是质数。不过,这两种情况都会与欧几里得最初的假设发生矛盾:

(1)如果N是质数,那么它并没有包含在最初的数列中。因此,这个数列包含所有质数的说法显然是错误的。

(2)如果N不是质数,那么它一定存在质因子。这些因子一定是新的质数,因为N除以数列中的质数会留下余数1。所以,数列中包含所有质数的说法显然也是错误的。

简而言之,欧几里得最初的假设是错误的——他的有限数列并不包含所有质数。而且,任何试图通过添加新质数来修复这一假设的尝试都会以失败告终,因为我们可以把整个论证过程重复一遍,以证明新的质数数列仍然是不完整的。这说明任何质数数列都是不完整的。因此,质数的数量一定是无限的。

随着时间的推移,瑞斯成了一位很有成就的青年数学家,在康涅狄格州数学团队之中获得了一个位置。与此同时,他也显露出了喜剧写作方面的才华,甚至获得了一些认可。例如,当他的牙医吹嘘自己总是向《纽约》杂志的每周幽默比赛提交诙谐但没有入选的作品时,瑞斯自豪地宣布,他也参加了这项比赛,而且拿了奖。

1975 年布里斯托尔东部高中数学小组里的迈克·瑞斯（后排第二个）。除了指导这个小组并且出现在照片中的科兹考斯基先生（Mr. Kozikowski），瑞斯还有其他诸多数学导师。例如，瑞斯的几何老师是伯格斯特罗姆先生（Mr. Bergstromm）。在"丽莎的代课老师"（1991）一集中，瑞斯将鼓励丽莎的代课老师命名为伯格斯特罗姆先生，以表示他对这位老师的感激。

"小时候，我曾多次赢得这个奖项，"瑞斯说，"我并没有意识到自己在与职业喜剧作家竞争。我后来发现，《今夜秀》的所有编剧都在参与这项比赛，而我却在十岁那年赢得了这个奖项。"

当瑞斯获得哈佛大学的录取通知书时，他需要在数学和英语之间选择一个主修科目。最终，成为作家的愿望战胜了他对数字的热情。不过，他的数学头脑一直很活跃，他从未忘记自己最初的爱好。

另一个为《辛普森一家》的诞生作出贡献的天才数学家拥有

一系列类似的童年经历。阿尔·让1961年出生于底特律，他比迈克·瑞斯小一岁。和瑞斯一样，他也喜爱马丁·加德纳的谜题，还参加过数学竞赛。1977年在密歇根数学竞赛中，他在全州两万名学生中获得了并列第三名的成绩。他还参加了劳伦斯科技大学和芝加哥大学的温室夏令营。这些夏令营是在冷战时期设立的，其目的是培养数学人才，以对抗那些从苏维埃阵营数学精英培养计划中走出来的数学人才。由于接受了这些强化训练，让在16岁时就被哈佛数学系录取。

进入哈佛以后，让在数学学习与新近获得的喜剧写作兴趣之间摇摆不定。最终，他成了全世界历史最为悠久的幽默杂志《哈佛妙文》的成员，这意味着他思考数学证明的时间变少了，研究笑话的时间变多了。

瑞斯也是《哈佛妙文》的撰稿人。1969年，该杂志发表了效仿托尔金（Tolkien）经典作品《魔戒》的《无聊的戒指》，在美国各地获得了关注。20世纪70年代，杂志社组织了一场名为《旅鼠》的舞台剧。随后，杂志社还推出了一档名为《全国讽刺广播一小时》的广播节目。瑞斯和让在《哈佛妙文》杂志社结成了友谊以及写作上的搭档关系。这段大学经历使他们获得了信心。毕业时，他们开始申请电视喜剧编剧工作。

成为《今夜秀》编剧后，他们的写作生涯迎来了重大转机。此时，他们内在的书呆子气很受重视。主持人约翰尼·卡尔

　　哈里森高中 1977 年年鉴上的一张数学小组照片。年鉴中的文字
说明不仅指出阿尔·让是后排第三个学生，而且提到他在密歇根州竞
赛中获得了金牌和第三名的成绩。对让影响最大的老师是已故的阿诺
德·罗斯教授（Professor Arnold Ross），他是芝加哥大学夏令营的管理者。

森（Johnny Carson）不仅是业余天文学家，也是兼职的伪科学
揭露者。他经常向专注于理性思考的詹姆斯·兰迪教育基金会捐
款，其捐助资金达到了 10 万美元。当瑞斯和让离开《今夜秀》，
加入《这是加里·山德林秀》的编剧团队时，他们发现，山德林
（Shandling）在辍学追求喜剧事业之前曾在亚利桑那大学电子
工程系就读。

　　随后瑞斯和让加入《辛普森一家》第一季的编剧团队时，他

们觉得这是一个理想的机会。在这里，他们可以充分表达自己对于数学的喜爱。《辛普森一家》不仅是一个全新的节目，而且具有全新的形式：它是一部面向所有年龄段的黄金档动画喜剧。之前的条条框框并不适用于这个节目，这也许解释了为什么节目领导允许——甚至鼓励——瑞斯和让尽可能地为节目添加书卷气息。

在《辛普森一家》的第一季和第二季，瑞斯和让是编剧团队的重要成员，因此他们在片中加入了一些重要的数学元素。不过，《辛普森一家》的数学倾向在第三季及以后变得更加明显，因为这两位曾经执笔《哈佛妙文》的毕业生被提拔成了执行制片人。

这是《辛普森一家》数学历史上的一个重要转折点。从此，让和瑞斯不仅继续将自己的数学笑话添加到剧集之中，而且开始招募其他拥有重量级数学背景的喜剧作家。在后来的岁月里，《辛普森一家》的脚本编辑会议有时会出现与几何辅导班或数论研讨会类似的氛围。因此，这部动画片也成了电视史上对数学内容提及次数最多的剧集。

第 2 章

你对圆周率好奇吗？

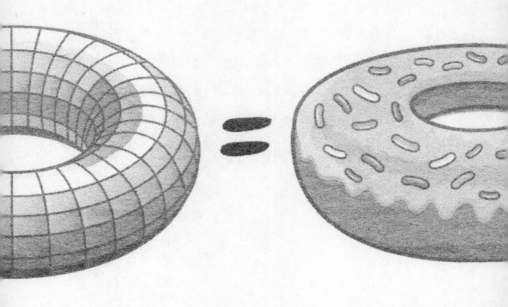

有时,《辛普森一家》中穿插的数学内容极为深奥,我们将在下一章介绍其中的一些内容。另一些时候,瑞斯、让及其同事插入的笑话涉及许多观众熟知的数学概念。一个经典的例子是圆周率 π,它曾在过去 20 年的剧集中多次登场。

　　如果你忘记了这个概念,我们可以简单介绍一下。圆周率是圆的周长与直径之比。只要画出一个圆,然后剪下一段与圆的直径等长的线,任何人都可以获得关于圆周率的粗略印象。圆的周长是这条线的三倍多一点。更准确地说,是 3.14 倍。这就是圆周率的近似值。下面的等式总结了圆周率 π 与圆的周长和直径的关系:

$$周长 = \pi \times 直径$$
$$C = \pi d$$

　　由于圆的直径是半径的两倍,因此这个等式也可以表示成下面的形式:

$$周长 = 2 \times \pi \times 半径$$

$$C=2\pi r$$

这也许是我们小时候从简单的算术向更加复杂的概念过渡的第一步。我现在仍然记得我第一次听说圆周率时的情景，因为它使我目瞪口呆。数学不再仅仅意味着长长的乘法和粗俗的分数，它现在包含了一些神秘、优雅、普适的事物；从摩天轮到飞盘，从印度飞饼到地球赤道，世界上的每一个圆都遵循圆周率的公式。

除了预测圆的周长，圆周率 π 还可以用来计算圆的面积：

$$面积 = \pi \times 半径^2$$
$$A = \pi r^2$$

在"简单的辛普森"（2004）一集中，有一个基于双关语的笑话提到了这个等式。在这一集里，荷马伪装成了一个名叫"简单西蒙，友好的街区馅饼侠"的超级英雄，他将馅饼甩到作恶者的脸上，以惩罚他们。馅饼侠的第一项义举是惩罚一个欺负丽莎的人，春田著名的前拳击手德雷德里克·塔特姆（Drederick Tatum）目睹了这件事，他宣称："我们都知道'πr^2'[1]，但是今天，'馅饼是正义的'。我对此表示欢迎。"

虽然阿尔·让将这个笑话写进了脚本，但是他不愿意独自接

---

[1] πr^2 与"馅饼是正直的"或"馅饼是正方形的"发音相同，下同。——译者注

受这项荣誉（或者承担这项责任）："哦，那是个古老的笑话。我显然在许多年前听过这个笑话。它的发明者应该是一个生活在1820年的人。"

"1820年"的说法是一种夸张，但塔特姆的言论显然是对数学家代代相传的某个传统笑话的新鲜演绎。这个笑话最著名的版本出现在1951年的美国喜剧《乔治·伯恩斯和格雷西·艾伦秀》中。在"少女过周末"一集中，格雷西（Gracie）前来帮助小朋友埃米莉（Emily），后者正在抱怨她的家庭作业。

埃米莉：我希望几何和西班牙语一样容易。

格雷西：也许我可以帮助你。请和我说一些几何上的东西。

埃米莉：说一些几何上的东西？

格雷西：是的，请吧。

埃米莉：好的。呃……πr^2。

格雷西：学校现在就是这样教你们的吗？πr^2？

埃米莉：是的。

格雷西：埃米莉。馅饼是圆的。曲奇饼是圆的。饼干是方的。

这些笑话的核心在于，"馅饼"和"π"具有相同的读音，这使它们产生了双关性。所以，喜剧演员应该感谢威廉·琼斯（William Jones），是他推广了字母π的使用。这位18世纪的数学家和其他许多人在伦敦咖啡厅为别人提供辅导，以赚取微薄的生活费。当琼斯在这些所谓的"便士大学"工作时，他写下了一部重要专著《新数学导论》。这是第一本在讨论圆的几何问题时使用希腊字母 π 的书。从此，数学双关语有了一个新的方向。琼斯之所以选择 π，是因为它是表示圆周的希腊单词 περιφέρεια 的第一个字母。

· · ·

在"简单的辛普森"这个笑话播出的三年前，编剧在《辛普森一家》的"再见，书呆子"（2001）一集中也提到了圆周率 π。这一次，编剧没有重提古老的笑话，而是创造了一个关于圆周率的新笑话，尽管它所依据的是历史上关于圆周率的一件趣事。要想理解这个笑话，我们首先需要回忆一下圆周率的值以及它在历史上是怎样测量的。

我之前说过，π=3.14 只是近似值，因为圆周率 π 是一个著名的无理数。这意味着我们无法完全精确地确定它的值，因为它的数位会无限延续下去，而且没有任何规律。不过，早期数学家的任务是超越 3.14 这个现成的粗略估计值，尽可能准确地测量这个捉摸不定的数。

公元前 3 世纪，阿基米德第一次认真地对圆周率进行了相对准确的测量。他知道，对圆周率的准确测量取决于对圆周的准确测量。这显然很困难,因为圆是由弧度很大的曲线组成的,不是由直线组成的。阿基米德的重大突破是用直线逼近圆的形状,以回避测量曲线的问题。

考虑直径(d)为单位1的圆。我们知道$C=\pi d$,这意味着圆的周长(C)等于π。接着,画两个正方形,一个在圆的外面,一个在圆的里面。

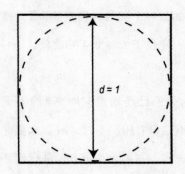 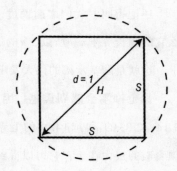

圆的实际周长一定小于大正方形的周长,大于小正方形的周长。所以,如果我们测量正方形的周长,我们就可以获得圆周长的上界和下界。

大正方形的周长很容易测量,因为它的每条边与圆的直径等长。我们知道,圆的直径是单位1。因此,大正方形的周长为4×1=4。

小正方形的周长计算起来稍微复杂一些。我们可以用毕达哥拉斯定理确定每条边的长度。正方形的对角线与两条边恰好构成了一个直角三角形。这个直角三角形的斜边长度(H)不仅等于正方形的对角线，而且等于圆的直径，即单位1。根据毕达哥拉斯定理，斜边的平方等于另外两条边的平方和。如果我们将正方形的边长记作S，那么$H^2=S^2+S^2$。如果$H=1$，那么另外两条边的长度一定是$1/\sqrt{2}$。因此，小正方形的周长为$4\times1/\sqrt{2}=2.83$。

圆的周长一定小于大正方形的周长，大于小正方形的周长，所以我们可以充满信心地宣布，圆的周长一定在2.83和4.00之间。

还记得吗？我们之前说过，如果一个圆的直径是单位1，那么它的周长等于π。所以，π的值一定位于2.83和4.00之间。

这就是阿基米德的伟大发现。

你也许不会感到震撼，因为我们已经知道圆周率π约等于3.14，2.83的下界和4.00的上界不是很有用。不过，阿基米德这项突破的威力在于，它可以得到改进。在用大小正方形进行计算以后，他又把圆框在大小六边形之间。如果你有10分钟的闲暇时间以及一些处理数字运算的信心，你就可以算出两个六边形的周长，证明圆周率一定位于3.00和3.464之间。

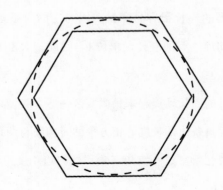

六边形的边多于正方形，因此它可以更好地逼近圆。所以，它才会得到更加严格的圆周率上下界。不过，这个上下界的范围仍然很大。因此，阿基米德用边数越来越多、与圆越来越接近的多边形重复了上述方法。

实际上，阿基米德最终用到了两个九十六边形，算出了它们的周长。这是一个令人震撼的壮举。不要忘了，阿基米德没有数位知识，无法使用现代代数表示法，而且需要亲手完成所有烦琐的计算。不过，他的努力是值得的，因为他将圆周率的真值限制在了 3.141 和 3.143 之间。

8 个世纪以后，公元 5 世纪，中国数学家祖冲之将阿基米德的方法推进了一步——准确地说，是推进了 12,192 步——他用两个 12,288 边形证明了圆周率的值位于 3.1415926 和 3.1415927 之间。

这种多边形逼近方法在 17 世纪达到了顶峰。例如，荷兰数学家鲁道夫·范·科伊伦（Ludolyuph van Ceulen）用边数超过四百亿亿的多边形将圆周率计算到了小数点后第 35 位。他于 1610 年去世后，人们在他的墓碑上写下了这样的内容：圆周率大于 3.14159265358979323846264338327950288，小于 3.1415926 5358979323846264338327950289。

你可能已经发现，测量圆周率 π 是一项艰巨的任务，这项任务可能会永远持续下去。这是因为，π 是无理数。那么，更加精确地计算圆周率是否有意义呢？我们将在本书后面的章节中讨论这个问题。现在，我们已经介绍了关于圆周率的许多重要信息，它们足以充当"再见，书呆子"中数学笑话的背景知识。

这一集的情节集中于对书呆子的欺凌。美国教育家查尔斯·J. 赛克斯（Charles J. Sykes）在1995年写下了一句至理名言："请以友好的态度对待书呆子，因为你将来可能会在某个书呆子手下工作。"不过，对于书呆子的欺凌目前仍然是一个全球性问题。当丽莎试图解释坏小子们为什么总是将书呆子作为欺凌对象时，她怀疑书呆子可能会散发出一种将自己标记为受害者的气味。她说服学校里一些最具书呆子气的朋友通过运动出汗，以便让她对他们的汗液进行收集和分析。经过大量研究，她最终分离出了每个"呆子、技术宅和四眼"都会散发出的一种信息素，它可以解释这些人招人欺负的原因。丽莎将这种信息素命名为"波因德克斯特罗斯"，以纪念1959年动画片《菲利克斯猫》中的神童波因德克斯特（Poindexter）。

为了检验她的假设，丽莎将一些波因德克斯特罗斯涂抹在正在访问学校的前拳击手、强壮的德雷德里克·塔特姆的外套上。果然，这种信息素招来了学校里的坏家伙纳尔逊·芒茨（Nelson Muntz）。纳尔逊明知挑衅前拳击手是一件荒谬而不恰当的事情，但他还是无法抵挡波因德克斯特罗斯的诱惑，拉开了塔特姆的内裤。丽莎得到了她所需要的证据。

丽莎对她的发现感到非常激动，她决定在第12届年度科学大会上发表一篇论文"通过空气传播的信息素与坏小子的攻击性"。会议由春田最受人喜爱的教授、性格木讷的小约翰·内德尔鲍姆·弗林克（John Nerdelbaum Frink Jr.）主持。当弗林克介绍丽莎时，观众的情绪非常激动，因此他很难维持会场的秩序。到了最后，沮丧而绝望的弗林克喊道："诸位科学家……诸位科学家！请保持一定的秩序。请遵守纪律，眼睛向前看……手背后……集中注意力……圆周率等于三！"

人们突然安静下来。弗林克的方法成功了，因为他明智地意识到，宣布圆周率的精确值可以镇住一群书呆子。经过几千年的努力，人类已经把圆周率测量到了令人难以置信的精确度。现在，怎么有人敢用 3 替代 3.14159265358979323846264338327950288 41971693993751058209749445923078164062862089986280348253421170679821480865 13……！

这种场景使人想起了科罗拉多大学历史学家哈维·L.卡特教授（Professor Harney L. Carter，1904—1994）写的一首打油诗：

这是我最喜欢的项目，

为圆周率设置一个新值，

我会让它等于 3。

因为你知道，

它比 3.14159 更简单。

不过，卡特这首神秘的打油诗并不是弗林克那句愤怒声明的来源。阿尔·让解释说，他之所以设计出"圆周率等于三！"这句台词，是因为他不久前听说了印第安纳1897年发生的一件事。当时，那里的政客试图通过立法确定圆周率的官方值（这个值错得离谱）。

这部《印第安纳圆周率法案》的正式名称是《1897年印第安纳州议会会议第246号众议院法案》，它是印第安纳州西南角索里图德镇的物理学家爱德温·J.古德温（Edwin J. Goodwin）的智慧结晶。古德温参加了议会，提出了一个法案，其中心内容是他对"化圆为方"问题的解决方案。化圆为方是一个古老的问题，已于1882年被证明是无法解决的。古德温复杂而自相矛盾的解释中包含下列与圆的直径有关的内容：

"……第四个重要事实是，直径与周长之比是四分之五比四。"

周长与直径之比等于圆周率 π。所以，古德温实际上规定了 π 的值：

$$\pi = \frac{周长}{直径} = \frac{4}{5/4} = 3.2$$

古德温表示，印第安纳的学校可以免费使用他的发现，但是其他州希望将3.2作为圆周率使用的学校需要交纳版税，这笔收入可以由他和政府分享。由于这项法案涉及技术问题，因此政客们最初被唬住了。众议院将皮球踢给了财务委员会，财务委员会将其踢给了湿地委员会,湿地委员会又将其踢给了教育委员会。在教育委员会,由于没有人理解这个问题,因此委员们一致通过了这项法案。

此时,轮到参议院审批这项法案了。幸运的是,当时担任普渡大学印第安纳西拉法叶分校数学系主任的 C. A. 沃尔多教授(Professor C. A. Waldo)此时正在州议会大厦讨论印第安纳科学院的经费问题。经费委员会的某个委员刚好向沃尔多介绍了这个法案,并且提出可以把他引见给古德温博士。沃尔多回答说,不必了,因为他认识的蠢货已经足够多了。

经过沃尔多教授的耐心解释,参议员们发现了问题,他们开始嘲笑古德温和他的法案。《印第安纳玻利斯日报》引用了参议员奥林·哈贝尔(Orrin Hubbell)的话:"比起通过法律确立数学事实,参议院还不如规定水应该往山上流。"因此,这个法案第二次征求意见时,议员们成功做出了无限期搁置该法案的决定。

弗林克教授"圆周率等于3"的荒谬陈述可以很好地提醒我们,古德温被搁置的法案仍然存在于印第安纳州议会大厦地下室的文件柜里,等待着某个容易上当的政客将其"复活"。

第 3 章

荷马大定理

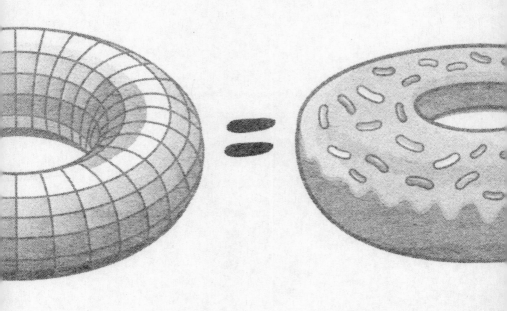

荷马·辛普森乐于发掘他的发明才能。例如，在"波基母亲"（2001）中，他创造出了"荷马博士的神奇脊柱圆桶"，也就是一个破旧的垃圾桶，上面的随机凹痕"可以完美地匹配人类脊柱的轮廓"。他声称，他的发明可以治疗背痛，尽管没有任何证据支持他的说法。春田的脊椎按摩师担心荷马抢走他们的病人，因此威胁说要毁掉荷马的发明。这样一来，他们就可以再次垄断背部疾病市场，快乐地宣传他们的错误治疗方法。

在"常青平台的巫师"（1998）中，荷马对发明的探索达到了高峰。这一集的标题效仿了一位新闻记者为托马斯·爱迪生（Thomas Edison）起的绰号"门罗公园的巫师"，因为爱迪生的实验室坐落于门罗公园。爱迪生在1931年去世时，他已经成了一个发明传奇，拥有1,093项美国专利。

在这一集里，荷马下决心追随爱迪生的脚步。他制造了各种物件，从每三秒响一次、以便告诉你一切正常的闹钟，到将化妆品直接喷射到脸上的霰弹枪。在他创造欲高涨的研究和开发阶段，我们看到了这样一幕：荷马站在黑板前，迅速写下了一些数学公式。这应该不是一件令人吃惊的事情，因为许多业余发明家也是优秀的数学家，许多数学家也从事过发明。

以《辛普森一家》的"荷马最后的尝试"（1993）一集中偶然提到的艾萨克·牛顿爵士（Sir Isaac Newton）为例。牛顿不仅是现代数学的先驱之一，也是一位业余发明家。一些人认为，是他设计了第一个简单的无板猫洞——也就是门板底部的一个洞，供他的猫随意进出。奇怪的是，他还为幼猫量身定做了一个小洞！牛顿真的有可能这样古怪而心不在焉吗？这个故事的真实性存在争议。不过，J. M. F. 赖特（J. M. F. Wright）在1827年说过："不管这种说法是否正确，一个无可争辩的事实是，那扇门上目前的确有两个被堵住的洞，它们的大小分别适合猫和幼猫进出。"

在"常青平台的巫师"中，荷马在黑板上写下的数学内容是由戴维·S.科恩添加到脚本中的。科恩是20世纪90年代中期加入《辛普森一家》，新一代具有数学头脑的编剧之一。同阿尔·让和迈克·瑞斯一样，科恩也在小时候表现出了真正的数学天赋。在家里，他经常阅读父亲的《科学美国人》，研究马丁·加德纳每月专栏中的数学谜题。此外，当他在新泽西州恩格尔伍德市德怀特莫罗高中读书时，他还是数学小组的队长之一，这个小组在1984年赢得了州冠军。

德怀特莫罗高中 1984 年年鉴中戴维·S.科恩的照片。据说，该校数学小组的每个成员都是队长。这样一来，他们都可以将这项头衔写进大学申请书。

他与高中的朋友戴维·希米诺维奇（David Schiminovich）和戴维·鲍敦（David Borden）组成了一个名为"故障大师"的青少年计算机程序员团队，共同创造出了他们自己的计算机语言FLEET，用于在 Apple II Plus 上开发高速的图形和游戏应用。与此同时，科恩保持了对喜剧写作和漫画书的兴趣。他精确地指出，他的职业生涯始于他在高中时画的连环画，他把这些画以一便士的价格卖给了姐姐。

在哈佛大学学习物理时，他仍然保持着对于写作的兴趣，并且加入了《哈佛妙文》。最终，他成了该杂志社的社长。和阿尔·让一样，随着时间的推移，科恩对喜剧和写作的喜爱胜过了他对数学和物理的喜爱。他放弃了学术生涯，成为《辛普森一家》的编剧。不过，科恩并没有忘记他的出身，他常常在动画片中夹带数学内容。荷马在黑板上写下的符号和图示就是一个很好的例子。

在这个例子中，除了数学，科恩还想加入一些科学公式，因此他联系了高中时的朋友戴维·希米诺维奇。希米诺维奇没有离开学术道路，成了哥伦比亚大学的天文学家。

黑板上的第一个等式主要是希米诺维奇的成果，它预测了希格斯玻色子的质量 $M(H^0)$。希格斯玻色子是人类 1964 年首次提出的一个基本粒子。这个等式幽默地将各种基本参数结合在了一起，包括普朗克常数、重力常数和光速。如果你查找这些数值，将其代入等式中，[①] 你就可以得到 775GeV（千兆电子伏）的预测值，它比人类 2012 年发现希格斯玻色子时得到的 125GeV 的估计值大得多。不过，775GeV 并不是一个糟糕的预测。不要忘了，荷马只是一个业余发明家；而且，在他进行这项计算的 14 年以后，

---

① 给那些勇于进行计算的人一些提示：不要忘了 $E=mc^2$，同时记得将结果转换成能量单位 GeV。

欧洲核子研究组织的物理学家才发现了这个神出鬼没的粒子。

第二个等式……让我们暂时将其放到一边。它是黑板上最有趣的数学内容，因此暂时的等待是值得的。

第三个式子涉及宇宙的密度，它对宇宙的命运具有重大影响。如果 $\Omega(t_0)$ 大于 1，就像荷马一开始在黑板上写的那样，这意味着宇宙最终将会在自身重量的压力下内爆。为了在本地层面反映这个宇宙结果，在观众看到这个式子后不久，荷马的地下室里似乎发生了一次小型内爆。

接着，荷马改变了不等号，将 $\Omega(t_0)>1$ 改成了 $\Omega(t_0)<1$。从宏观上说，新的式子表示一个永远膨胀下去的宇宙，会导致与永恒的宇宙爆炸类似的现象。故事情节对这个新的式子做出了反应，因为当荷马将不等号颠倒过来的时候，地下室里立即发生了一次大型爆炸。

黑板上的第四行是由四幅图组成的图示，表示一个甜甜圈转变成球体的过程。这一行涉及拓扑学这一数学分支。为了理解这些图示，我们需要知道，根据拓扑规则，正方形和圆是一样的。它们被视作同胚图形，即拓扑等价图形，因为画在橡皮上的正方形可以通过仔细的拉伸转变成圆形。实际上，拓扑学有时被称为"橡皮几何学"。拓扑学家不关心角度和长度，因为它们显然会随着橡皮的拉伸而变化。拓扑学家关心的是更为基本的性质。例如，从基本性质来看，字母 A 是带有两只脚的圆环。字母 R 也是带有两只脚的圆环。所以，字母A和R同胚，因为画在橡皮上的A可以通过仔细的拉伸转变成R。

不过，任何拉伸都无法将字母A转变成字母H，因为两个字母之间存在根本的区别：A由一个圆环和两只脚组成，H则没有圆环。要想把A转变成H，你只能在A的顶端将橡皮切开，将圆环破坏。不过，拓扑学是不允许切割的。

橡皮几何的原则可以拓展到三维，这引出了一个笑话：拓扑学家无法分辨甜甜圈和咖啡杯的区别。换句话说，咖啡杯只有一个由把手形成的洞，甜甜圈也只有中间的一个洞。因此，由橡皮泥制作的咖啡杯可以通过拉伸和扭转变成甜甜圈的形状。所以，它们是同胚的。

不过，甜甜圈无法转变成球体，因为球体没有洞，任何拉伸、挤压和扭转都无法将甜甜圈固有的洞消除。实际上，甜甜圈和球体在拓扑学上是不同的，这是一个得到证明的数学定理。不过，荷马黑板上的图示似乎实现了不可能的事情，因为这些图示显示了甜甜圈成功转变成球体的过程。这是怎么回事？原来，虽然拓扑学禁止切割，但荷马认为啃和咬是可以接受的。毕竟，最初的物体是甜甜圈，谁能抵挡住大快朵颐的诱惑呢？经过足够多次的啃咬加工，甜甜圈变成了香蕉的形状。接着，通过标准的拉伸、挤压和扭转，你可以把它变成球形。如果主流拓扑学家看到他们珍视的定理之一以这种方式被推翻，他们可能不会感到激动。不过，根据荷马的个人拓扑规则，甜甜圈和球体是等价的。也许，正确的术语不是同胚（homeomorphic），而是"同荷马"（Homermorphic）。

· · ·

荷马黑板上的第二行也许是最有趣的一行，因为它包含下面的等式：

$$3{,}987^{12}+4{,}365^{12}=4{,}472^{12}$$

乍一看，这个等式平淡无奇。不过，如果你对数学史有所了解，你可能会愤怒地折断你的计算尺。荷马似乎得到了不可能得到的结果，他似乎发现了神秘而著名的费马大定理的一个解！

在大约 1637 年，皮埃尔·德·费马（Pierre de Fermat）首次提出了这个定理。虽然费马是一位只在空闲时间解题的业余数学爱好者，但他却是历史上最伟大的数学家之一。他在法国南部的家中独自研究数学问题。他唯一的数学伴侣是生活在亚历山大的丢番图在公元 3 世纪写下的《算术》一书。在阅读这本古希腊著作时，费马在一个章节中发现了下面的方程：

$$x^2+y^2=z^2$$

    这个方程与毕达哥拉斯定理关系密切，但丢番图对三角形及其边长不感兴趣。相反，他邀请读者寻找这个方程的整数解。费马对于寻找这种解所需要的技巧已经非常熟悉了。他知道，这个方程有无数个解。这些所谓的毕达哥拉斯三元组的解包括：

$$3^2+4^2=5^2$$
$$5^2+12^2=13^2$$
$$133^2+156^2=205^2$$

    费马对丢番图的问题感到厌倦，因此他决定对这个问题做出改动。他希望找到方程

$$x^3+y^3=z^3$$

的整数解。

    费马绞尽脑汁，但他只能找到包含零的平凡解，比如 $0^3+7^3=7^3$。当他试图找到更有意义的解时，他所得到的最好的等式差了一个1，比如 $6^3+8^3=9^3-1$。

    此外，当费马进一步提高 x、y 和 z 的幂次时，他的求解努力

一次又一次地碰壁。他开始觉得下列方程没有整数解：

$$x^3+y^3=z^3$$
$$x^4+y^4=z^4$$
$$x^5+y^5=z^5$$
$$\vdots$$
$$x^n+y^n=z^n，其中 n>2$$

最终，他取得了突破。他没有找到适合上述某个方程的任何一组数字，但他证明了这样的解是不存在的。他在丢番图《算术》一书的页边用拉丁文写了两个很吊人胃口的句子。他首先指出，上面无数个方程中的任何一个都没有整数解。接着，他自信地加上了第二句话："*Cuius rei demonstrationem mirabilem sane detexi, hanc marginis exiguitas non caperet.*"（我发现了一个非常神奇的证明方法，但是这里的页边太窄，写不下了。）

皮埃尔·德·费马发现了一个证明方法，但他不屑于将其写下来。这也许是数学史上最令人沮丧的注释了。而且，费马还把他的秘密带进了坟墓。

费马的儿子克莱芒·萨米埃尔（Clément-Samuel）后来发现了父亲的《算术》一书，并且注意到了这个令人感兴趣的页边注释。他还发现了许多类似的页边注释，因为费马习惯于声称自己可以证明某个值得注意的结论，但他很少写下证明过程。克莱芒·萨米埃尔决定将这些注释保留下来，他在1670年出版了《算术》的新版本，其中包含了他的父亲在原始文本上写下的所有页边注释。从此，数学界开始寻找书中缺失的所有证明过程。人们一个接一个地证明了费马当初的说法。不过，没有人能够证明方程 $x^n+y^n=z^n$（$n>2$）无解。于是，这个方程被称为费马最后的定理，即费马大定理，因为它是费马唯一未被证明的说法。随着时间的推移，人们一直无法证明费马大定理，因此这个定理变得更加有名，人们证明它的愿望也变得更加强烈。实际上，到了19世纪末，这个问题已经引起了数学界以外许多人的兴趣。例如，德国实业家保罗·沃尔夫斯凯尔（Paul Wolfskehl）1908年去世时，他捐出了10万马克（相当于今天的100万美元），用于奖励费马大定理的证明者。根据一些人的说法，沃尔夫斯凯尔厌恶他的妻子和其他家庭成员，因此他想用遗嘱来冷落他们并奖励数学家，因为他一直非常喜爱数学。其他一些人认为，沃尔夫斯凯尔希望通过这个奖项来感谢费马，因为据传当他徘徊在自杀边缘时，他对这个问题的兴趣使他获得了活下去的理由。

　　不管动机为何，沃尔夫斯凯尔奖使费马大定理获得了公众的关注。到了最后，它甚至成了流行文化的一部分。在亚瑟·波格斯（Arthur Porges）1954年的短篇小说《魔鬼和西蒙·弗拉格》中，英雄弗拉格与魔鬼订立了一个浮士德式的约定。要想拯救自己的灵魂，弗拉格唯一的希望就是提出一个令魔鬼无法回答的问题。因此，他请对方证明费马大定理。魔鬼在认输后说道："你知道吗？就连远远领先于地球的其他星球上最优秀的数学家都无法解决这个问题。土星上有个小伙子，他似乎是少有的天才。他可以通过口算得到偏微分方程的解。不过，就连他也放弃了对费马大定理的证明。"

　　费马大定理同样出现在了小说（斯蒂格·拉尔森的《玩火的女孩》）、电影（布兰登·弗雷泽和伊丽莎白·赫利的《神鬼愿望》）和戏剧（汤姆·斯托帕德的《阿卡迪亚》）中。关于这个定理最有名的桥段也许出现在 1989 年《星际迷航：下一代》的"皇室血统"一集中。当时，让－卢克·皮卡德上校（Captain Jean-Luc Picard）在剧中将费马大定理称为"我们也许永远无法解决的问题"。不过，事实证明，皮卡德上校的说法是错误的，因为这一集的情节设置在 24 世纪，但普林斯顿大学的安德鲁·威尔斯（Andrew Wiles）已经在 1995 年证明了费马大定理[①]。

　　威尔斯从十岁时起就梦想着解决费马留下来的问题。他对这个问题痴迷了 30 年。到最后，他在完全保密的情况下研究了 7 年时间。最终，他证明了方程 $x^n+y^n=z^n$（$n>2$）无解。他所发

---

① 我应该指出，我和这个故事之间有着密切的关系，因为我写过一本关于费马大定理以及安德鲁·威尔斯证明过程的书，而且为英国广播公司拍摄了一部纪录片。巧合的是，威尔斯曾在哈佛大学工作过一段时间，期间教过阿尔·让。阿尔·让后来成了《辛普森一家》的编剧。

表的证明过程长达130页，上面写满了数学公式。这件事的有趣之处在于，一方面，它说明威尔斯的成果具有庞大的规模；另一方面，威尔斯的逻辑链条过于复杂，不可能在17世纪被人发现。实际上，威尔斯使用了许多现代工具和技巧，因此他对费马大定理的证明过程不可能是费马头脑中的那个证明过程。

英国广播公司2010年的电视剧《神秘博士》提到了这一点。在"危急时刻"一集中，演员马特·史密斯（Matt Smith）作为重生的第十一任博士首次亮相，他必须向一群天才证明他的身份，以便说服他们接受他的建议，拯救世界。当他们即将拒绝他时，博士说道："在你们拒绝我之前，看看这个。费马定理的证明方法。我是说真正的证明方法。人们从未见过它。"换句话说，博士默认了威尔斯的证明方法，但他觉得那不是费马"真正的"证明方法。这种观点是有道理的。也许，博士回到了17世纪，直接从费马那里拿到了证明方法。

现在让我们来总结一下。在17世纪，皮埃尔·德·费马声称，他可以证明方程 $x^n+y^n=z^n$（$n>2$）没有整数解。1995年，安德鲁·威尔斯发现了一种新的证明方法，验证了费马的结论。2010年，神秘博士揭示了费马最初的证明方法。每个人都相信，这个方程是无解的。

因此，在"常青平台的巫师"中，荷马似乎否定了近四个世纪以来世界上最伟大的头脑得出的结论。费马、威尔斯甚至神秘博士都认为费马的方程是无解的，但荷马却在黑板上给出了一个解：

$$3{,}987^{12}+4{,}365^{12}=4{,}472^{12}$$

你可以用计算器亲自进行检验。计算 3,987 的 12 次方，将其与 4,365 的 12 次方相加，然后计算结果的 12 次方根，你就得到了 4,472。

至少，这是你在任何只能显示十个数位的计算器上得到的结果。不过，如果你拥有更精确的计算器，如果它能够显示十几个数位，你就会得到不同的答案。实际上，如果将第三项计算得更加准确，这个等式应该近似写成：

$$3{,}987^{12}+4{,}365^{12}=4{,}472.000000007057617187\,5^{12}$$

这究竟是怎么回事呢？实际上，荷马的等式是费马方程的近似解，这意味着 3,987、4,365 和 4,472 几乎可以使方程成立——等号左右两边的差异几乎可以忽略。不过，在数学上，一个方程要么有解，要么没有解。近似解实际上并不是解，这意味着费马大定理仍然成立。

戴维·S.科恩和观众开了一个数学玩笑。如果观众的反应足够快，并且拥有足够的知识，他们就可以发现这个等式，并且意识到它与费马大定理之间的联系。当这一集在1998年播出时，威尔斯的证明方法已经发表了三年，因此科恩非常清楚费马大定理已被攻克的事实。他本人与这个证明之间还存在一定的联系，因为他在加州大学伯克利分校读研期间听过肯·里贝特（Ken Ribet）的讲座，而里贝特为威尔斯对费马大定理的证明提供了一个重要工具。

科恩显然知道费马的方程无解，但他希望找到一个非常近似的解，这个解在仅仅使用简单的计算器进行检验时似乎可以使方程式成立。他想用这种方式向皮埃尔·德·费马和安德鲁·威尔斯致敬。为了找到这个近似解，他写了一个计算机程序，以便对x、y、z和n的值进行扫描，找到可以使方程式近似成立的数值。最终，科恩选择了$3,987^{12}+4,365^{12}=4,472^{12}$这个解，因为它的误差范围很小——等式左边只比右边大0.000000002%。

这一集播出以后，科恩立即查看了网上留言板，看看是否有人注意到了他的恶作剧。他最终发现了这样一条帖子："我知道这违反了费马大定理，但我用计算器进行了检验，发现它是成立的。这到底是怎么回事？"

意识到全世界的青年数学家有可能对他的数学悖论产生兴趣，他感到很愉快："我很高兴，因为我的目标是获得足够的精度，使人们无法通过计算器发现这个等式的错误。"

科恩对于他在"常青平台的巫师"中设计的板书内容非常自

豪。实际上，他在许多年里引入《辛普森一家》的所有趣味数学内容使他获得了极大的满足感："我对此感到很高兴。当你在电视领域工作时，你在瓦解社会既有价值观，因此你很难对自己的工作感到满意。所以，当我们有机会提升节目的层次时——尤其是有机会赞美数学时——这些工作抵销了我编写那些三句不离屎尿屁的笑话时产生的罪恶感。"

第 4 章

涉及数学幽默的谜题

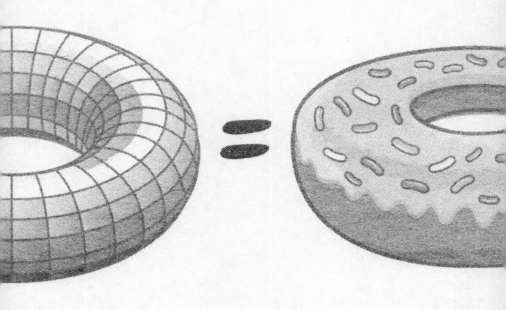

不出所料，《辛普森一家》的许多数学编剧非常喜爱谜题。这种喜爱自然在许多剧集中得到了体现。

例如，作为世界上最著名的谜题，魔方出现在了"明确的荷马"（1991）一集中。这一集回到了1980年，当时魔方首次从匈牙利传到了美国。年轻的荷马参加了一次核安全培训会议。荷马没有认真聆听讲师提出的关于反应堆堆芯熔毁时应该采取哪些应对措施的建议。相反，他专注于自己新买的魔方，在全部43,252,003,274,489,856,000种排列中进行探索，以寻找正确的解法。

魔方还出现在了"飓风内迪"（1996）和"荷马"（2001）中，并且在"胖唐尼"（2010）中被莫·希斯拉克（Moe Szyslak）当成了威胁。作为莫记客栈的所有者和酒保，莫经常接到巴特打来的恶作剧电话。巴特会在电话中要求某个虚构的、名字令人尴尬的人接电话。于是，莫会向酒吧里的人喊出"有人看到玛雅·诺莫斯巴特（Maya Normousbutt）了吗"或者"阿曼达·哈金基斯（Amanda Hugginkiss）？嘿，我在找阿曼达·哈金基斯"这样的话。"胖唐尼"一集的特别之处在于，莫接到的电话既不是恶作剧，也不是巴特打来的。相反，打电话的人是春田臭名昭著的达米科犯罪家族的家长马里恩·安东尼·达米科（Marion Anthony D'Amico）。他的朋友和敌人将他称为胖托尼（Fat Tony）。胖托尼想让莫看看他的俄罗斯朋友尤里·纳特（Yuri Nator）是否在酒吧里。莫认为这是巴特的另一个恶作剧，因此他错误地向打电话的人发出了威胁："我会把你剁成碎片，把你做成我永远无法解开的魔方！"

另一个更加古老的谜题出现在"麦琪走了"（2009）一集中，这一集在某种程度上模仿了丹·布朗（Dan Brown）的小说《达·芬奇密码》。故事情节开始于一次日全食，结束于"圣女大德兰"（St. Teresa of Avila）珠宝的发现，并且围绕着"麦琪是新的弥赛亚"这一错误信念展开。从谜题喜爱者的角度看，这一集最有趣的场景出现在荷马与婴儿（麦琪）、狗狗（圣诞老人的小助手）和一大瓶毒药被困在河流一边时。

荷马急于过河。他有一条船，但是船很小，一次只能携带荷马和另外一样物件。他当然无法将婴儿和毒药放在一起，因为婴儿可能会吞下毒药。他也无法将麦琪和圣诞老人的小助手放在一起，因为狗狗可能会咬到婴儿。因此，荷马的任务是想出一种过河顺序，使他能够将婴儿、狗狗和毒药安全地运到对岸。

当荷马开始思考眼前的困境时，动画片的画风发生了变化，以中世纪泥金装饰手抄本的形式对局面进行了总结，并且提出了一个问题："这个蠢货怎样带着三样物件过河？"这道题目参考了中世纪拉丁文手稿《训练年轻人的问题》，该书最早提到了这类过河问题。这本手稿很好地整理了约克的阿尔昆（Alcuin）编写的五十多道数学问题。阿尔昆被许多人视作欧洲 8 世纪最有学问的人。

阿尔昆提出的问题与荷马的困境类似。在他的问题里，一个人需要运送一只狼、一只山羊和一棵卷心菜。他不能让狼吃山羊，也不能让山羊吃卷心菜。实际上，狼相当于圣诞老人的小助手，山羊相当于麦琪，卷心菜相当于毒药。

荷马制定出了解决问题的方案。首先，他带着麦琪过河，抵达目的地河岸。接着，他回到原始河岸，带上毒药，然后划船来到目的地河岸，放下毒药。他不能把麦琪和毒药放在一起，因此他需要带着麦琪回到原始河岸，并将她放在那里。然后，他带着圣诞老人的小助手抵达目的地河岸，将它和毒药放在一起。接着，他划船回到原始河岸，去接麦琪。最后，他带着麦琪抵达目的地河岸。这样一来，他就将麦琪、狗狗和毒药安全地运到了对岸。

遗憾的是，他没能完整地实施这项计划。当他在第一步的最后将麦琪留在目的地河岸时，麦琪立即被修女劫持了。阿尔昆在最初的问题框架中并没有考虑到这一因素。

在更早播出的"辛普森家的丽莎"（1998）一集中，一个谜题起到了更为重要的作用，因为它引出了整个故事。这一集始于学校食堂。丽莎坐在马丁·普林斯对面。马丁也许是春田最有天赋的少年数学家。实际上,马丁完全在以数学视角生活。例如,在"巴特得了F"(1990)一集中,巴特与马丁成了临时的朋友,他向马丁提出了一些建议:"从现在开始,你应该坐在后排。我说的不只是公共汽车,还有学校和教堂……这样一来,没有人能看到你在做什么。"马丁对巴特的建议用数学用语做了重新定义:"一个人捣蛋的潜能与他和权威人物的距离成反比!"他甚至用一个公式概括了巴特的建议,其中 M 表示捣蛋的潜能,P_A 表示与权威人物之间的距离:

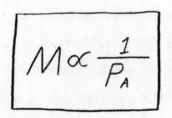

在食堂里,马丁对丽莎的午饭产生了兴趣,因为她的午餐不是食堂里常见的食物,而是以太空为主题的真空包装食品。丽莎举起了午餐,并且解释说,这是"约翰·格伦(John Glenn)不在太空里的时候吃的东西"。这时,马丁在包装背面发现了一道谜题:下面这个序列的下一个符号是什么?

M♡8M♂

马丁眨眼之间就解决了这道谜题，但丽莎仍然迷惑不解。当巴特以及坐在附近的其他同学纷纷表示他们知道序列中的下一个符号是什么时，丽莎变得越来越沮丧。似乎每个人都能找到答案……除了丽莎。因此，在这一集接下来的时间里，丽莎一直在质疑她的智力和学术命运。幸运的是，你不需要经历这样的情绪困扰。我建议你用一分钟的时间思考这道谜题，然后查看下一页文字说明中的答案。

这道午餐谜题的独特之处在于，它在某种程度上将一位新的数学家吸引到了编剧团队之中，从而强化了《辛普森一家》的数学背景。斯图尔特·伯恩斯曾在哈佛学习数学，随后在加州大学伯克利分校攻读博士学位。他本该写出一篇与代数数论或拓扑学有关的博士论文，但他在没有取得太大进展的时候放弃了研究和博士学位，只获得了硕士学位。他之所以提前离开伯克利，是因为情景喜剧《不幸的生活》制片人向他提供了一份工作。伯恩斯一直梦想着成为电视喜剧编剧，这对他来说是重大突破。他很快与戴维·S.科恩成了朋友。科恩邀请伯恩斯来到《辛普森一家》的办公室参加某一集的审片会，这一集刚好是"辛普森家的丽莎"。随着包括数字谜题在内的故事情节的展开，伯恩斯逐渐觉得他属于这里，他应该与科恩和其他数学编剧并肩工作。在《不幸的生

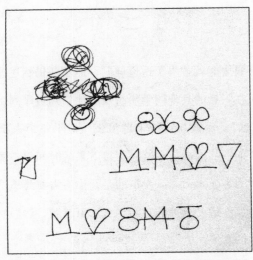

　　戴维·S.科恩不记得他是否提出了"辛普森家的丽莎"中的谜题，但他显然画出了最初的草图。这张纸下面的一行涂鸦与片中出现的谜题几乎完全相同。要解开这道谜题，你需要注意到，每个符号的左半边和右半边互为镜像。第一个符号的右半边是 1，左半边是它的镜像。第二个符号的右半边是 2，左边是它的镜像。接下来的 3、4、5 也是如此。因此，第六个符号应该是由 6 和它的镜像组成的。上边一行说明，科恩曾考虑使用序列（3，6，9），但他放弃了这种想法，这可能是因为第四个元素 12 有两个数位。中间一行的序列（1，4，2，7）也被放弃了。我们并不清楚这个序列中的第五个元素是什么，科恩也不记得他当时是怎么想的了。

活》剧组工作时，伯恩斯被称为拥有硕士学位的数学呆子。而当他加入《辛普森一家》剧组时，数学硕士学位不再是一个突兀的头衔。他不再被称为书呆子，而是成了厕所幽默的关键人物。

　　在向我讲述了进入《辛普森一家》剧组的故事以后，伯恩斯对谜题和笑话进行了对比，指出二者有许多相同之处。它们都有精心设计的背景，都依赖于令人吃惊的反转，都拥有事实上的包

袄。实际上，最好的谜题和笑话会使你在恍然大悟的同时思考和
发笑。也许，这就是数学家在《辛普森一家》的编剧团队中如此
有价值的部分原因。

这些数学家不仅把他们对谜题的喜爱带进了剧集，而且带来
了新的工作方式。伯恩斯注意到，没有数学背景的同事通常会由
于灵感迸发而设计出完整的笑话，而编剧团队的数学家则倾向于
提出笑话的原始创意。这些不完整的笑话会在编剧室中流传，直
到成为完整的笑话为止。

除了运用集体智慧编写笑话，数学家们也依靠这种方法编织
故事情节。伯恩斯在《辛普森一家》的编剧同事、曾经是数学家
的杰夫·韦斯特布鲁克表示，这种合作热情与他们之前的职业生
涯类似："我过去是计算机科学理论家，这意味着我需要和其他
人坐在一起，共同证明许多数学定理。来到这里时，我吃惊地发
现，编剧室里的工作环境也是这样的，因为我们也是坐在那里提
出各种想法。这两种工作都具有创造性，都需要解决问题，只不
过一种工作的研究对象是数学定理，另一种工作的研究对象是故
事情节。我们需要将故事分解开，对其进行分析，研究这个故事
讲的到底是什么。"

听了这种说法以后，我开始向其他编剧询问为什么《辛普森
一家》的剧组拥有这么多具有数学倾向的编剧。在科恩看来，接
受过数学培训的喜剧作家可以更加自信和自如地仅仅凭借直觉探

索未知世界："证明某个结论的过程与喜剧写作的过程拥有一些相似之处，因为你不一定能够实现目标。当你试图凭空想出关于某个主题或涉及某个故事的笑话时，这种能够满足你的所有要求并且具有幽默感的笑话可能并不存在。类似地，当你试图证明某个数学结论时，你所寻找的证明方法可能并不存在。能够被人想到的证明方法不存在的可能性当然就更高了。不管是编笑话还是证明定理，你都可以通过直觉判断自己是否将时间投入到了能够带来回报的领域。"

科恩还说，多年数学素养的培训可以帮助他们形成编写《辛普森一家》每一集的脚本所需要的持续专注："我们常常以头撞墙，尽管这听上去可笑而轻松。我们需要在短时间里讲述一个复杂的故事，我们需要解决许多逻辑问题。这是一个巨大的谜题。你很难让某人相信制作这些剧集的痛苦和挣扎，因为我们的最终成果看上去紧凑而轻松。编剧过程中的任何时刻都很有趣，同时也很累人。"

为了获得相反的视角，我又与马特·塞尔曼（Matt Selman）进行了交谈。在加入编剧团队之前，塞尔曼学习的是英语和历史。他认为自己是团队中"对数学了解最少的人"。在被问及《辛普森一家》将喜爱多项式的人们聚集在一起的原因时，塞尔曼表达了和科恩相同的观点，认为脚本实际上是一种谜题，复杂的剧集"非常烧脑"。此外，塞尔曼认为数学编剧拥有一个共同的特点："我们这些喜剧作家都喜欢将自己看作人类生存状况的观察者，认为自己理解痛苦、低谷以及其他类似的感觉。如果你想贬低数学家，你可以说他们冷酷无情，无法编出关于爱和失去的好笑话，但我不同意这种观点。不过，这里面存在一个区别。我认为拥有数学头脑的人最适合编写非常可笑的笑话，因为逻辑是数学的核心。你越是考虑逻辑，你就越能够在扭曲和改变逻辑的过程中获得乐趣。我想，具有逻辑头脑的人可以在不合逻辑的事物中发现极大的幽默感。"

曾制作《辛普森一家》第一集的迈克·瑞斯同意这种观点："许多关于幽默的理论是错误的。你听说过弗洛伊德的幽默理论吗？他的理论完全是错误的。不过，我发现，许多笑话基于错误的逻辑。我给你举个例子。一只鸭子走进药店，说，'请给我一些唇膏。'药剂师说，'你要支付现金吗？'鸭子说，'不，请把唇膏记在我的账上①。'如果说不协调是喜剧的核心，那么鸭子走进药店的情景是很好笑的。不过，这里的重点不是不协调，而是将故事中所有不相干元素结合在一起的错误逻辑。"

虽然编剧们对于数学人才从事喜剧写作的现象做出了种种解释，但是一个重要问题依然存在：为什么所有这些数学家都为《辛普森一家》工作，而不是为《我为喜剧狂》或《摩登家庭》工作？

阿尔·让在回忆青少年时光和实验室经历时给出了一个可能

---

① 原文中的 bill 既可以表示"账单"，也可以表示"喙"。——译者注

的解释："我讨厌实验科学，因为我在实验室里表现得很糟糕，永远无法得到正确的结果。数学则是一件完全不同的事情。"换言之，科学家需要应对现实及其所有的不完美和要求，数学家则可以在理想的抽象世界中工作。像让这样的数学家在很大程度上拥有掌控局面的深切愿望，而科学家则喜欢对抗现实。

在让看来，数学和科学之间的区别与真人情景喜剧编剧和动画编剧之间的区别类似："我认为真人电视节目与实验科学相似，因为演员会按照自己希望的方式行动，你需要受到这些条件的制约。相比之下，动画与纯粹的数学更为相似，因为你可以精确控制台词的细节、台词的呈现方式等内容。我们可以真正做到控制一切。动画是数学家的世界。"

· · ·

迈克·瑞斯最喜爱的一些笑话涉及数学："我喜欢这些笑话。我会对它们细细品味。我刚刚想到了小时候听到的另一个不错的笑话。几个人以一美元一个的价格买了一卡车西瓜，然后来到镇子另一边，以一美元一个的价格销售西瓜。到了晚上，他们并没有赚到钱。一个人说，'我们应该买一辆更大的卡车。'"①

———————

① 我们可以用更加专业的数学框架来讲述这个故事。我们可以将 Pr 定义为零售价，将 Pw 定义为批发价，将 N 定义为卡车所容纳的西瓜数量。收益（$\$$）公式为 $\$=N\times(Pr-Pw)$。所以，如果 $Pr=Pw$，那么购买更大的卡车（即提高 N）并不能改变收益。

瑞斯这个小笑话是具有悠久传统的数学笑话的一部分，数学笑话中既有简单的一句话笑话，又有复杂的大段叙述。大多数人可能觉得这类笑话很古怪，它们并不会出现在脱口秀演员经常表演的节目中。不过，它们是数学文化的重要组成部分。

在我十几岁的时候，我在阅读伊恩·斯图尔特（Ian Stewart）的《现代数学概念》时第一次接触到了一个深奥微妙的数学笑话：

> 一个天文学家、一个物理学家和一个自称是数学家的人在苏格兰度假。他们从火车的车窗向外望去，看到田野中间有一只黑色的绵羊。"真有趣，"天文学家评论道，"苏格兰的所有绵羊都是黑色的！"对此，物理学家回应道，"不，不！苏格兰的一些绵羊是黑色的！"数学家抬头凝望天空，心中默默地祈祷，然后带着拖腔说道："苏格兰至少有一片田野，上面至少有一只绵羊，它至少有一面是黑色的。"

在接下来的17年里，我一直记着这个笑话。后来，我在我的第一本书中提到了这个笑话（这本书讨论的是费马大定理的历史和证明）。这个笑话完美地展示了数学的严谨。实际上，我非常喜爱这个笑话，因此我经常在讲课时讲述黑羊的故事。事后，一些听众有时会找到我，向我讲述他们关于圆周率、无限、阿贝尔群和佐恩引理的笑话。

　　我很想知道还有哪些故事能够使我们这些书呆子发笑，因此我邀请人们通过电子邮件将他们最喜爱的数学笑话发送给我。过去十年，我不断收到具有书呆子气的笑话，其中既有沉闷的双关语，也有风趣的逸事。我最喜欢的笑话之一是一个由数学史学家霍华德·伊夫斯（Howard Eves, 1911—2004）最先讲述的故事。这个故事与控制论先驱、数学家诺伯特·维纳（Norbert Wiener）有关：

　　　　当［维纳］和他的家人搬到几个街区以外的新家时，他的妻子为他写下了如何走到新家的文字说明，因为她知道他在这方面总是犯糊涂。不过，当他下班后离开办公室时，忘记了自己把纸条放在了什么地方，而且也忘记了新家的位置。因此，他开车回到了之前的街区。他看到了一个小孩子，便问她，"小女孩，你能告诉我维纳一家人搬到哪里了吗？""是的，爸爸，"对方回答道，"妈妈说你可能会在这里，所以她让我来到这里给你带路。"

　　不过，关于著名数学家的逸事以及关于数学家性格成见的笑话只能让人们认识到数学的一部分特点。此外，它们还具有重复性，下面这个著名的笑话讽刺的就是这种现象：

　　　　一位工程师、一位物理学家以及一位数学家出现在了一段逸事之中。这个逸事与其他许多逸事非常相似，因此你一定听说过这个故事。经过一些观察和粗略的计算，工程师意识到了目前的情况，笑了起来。几分钟后，物理学家也明白了。他愉快地笑了起来，因为他目前掌握的实验证据足以发表一篇论文。这使数学家有些困惑，因为他早就意识到他是逸事中的人物，并且非常迅速地根据类似的逸事推断出了这个故事的幽默之处。不过，他认为这个幽默是一个极为平凡的推论，不具有显著性，更不要说趣味性了。

相比之下，许多笑话的笑点依赖于具体的语言和数学工具，比如下面这个著名的笑话，它似乎来自英国诺威奇市淘气的学生彼得·怀特（Peter White）在一次考试中的经历。这道题目要求学生展开 $(a+b)^n$。如果你之前没有遇到过这类问题，那么你只需要知道它与二项式定理有关。在正确答案中，展开后的第 r 项系数是 $n!/[(r-1)!(n-r+1)!]$。这是一个很有技术含量的答案。不过，彼得对于这个问题做出了完全不同的解读，得到了一个来自直觉的答案：

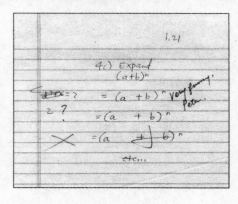

　　彼得极具想象力的答案使我陷入了沉思。设计数学笑话需要对数学的理解，欣赏笑话也需要类似的理解能力。因此，数学笑话可以检验你的数学知识。

　　怀着这种想法，我收集了全世界最优秀的数学笑话，根据困难程度对它们进行了分级，并将它们设计成了五个测试，分布在这本书的不同位置。当你不断探索《辛普森一家》中的数学幽默时，你会遇到这些难度越来越大的测试。你的任务是阅读笑话，看看有多少笑话使你发笑（或抱怨），从而更好地评估你的数学知识和幽默感的提高。

　　现在就可以提交第一张试卷了！

　　祝你好运。

算术和几何趣味测试

关于幽默和数学的五部分测试

测试分五个部分。

第一部分是小学测试，由八个简单的笑话组成。[1]

随后的部分难度会越来越大。

根据你发笑／抱怨的次数为自己评分。

如果你发笑的笑话分数合计超过了总分的 50%，
你就可以通过这一部分的测试。

---

[1] 这些双关、恶作剧和滑稽故事是由书呆子们一代代传下来的，这意味着作者的名字遗憾地消失在了历史的迷雾之中（或者作者由于未知原因隐去了自己的名字）。

测试一

笑话 1　问：0 对 8 说了什么？　　　　　　　　　　　　　　　2 分

　　　　答：腰带不错！

笑话 2　问：为什么 5 吃了 6？　　　　　　　　　　　　　　　2 分

　　　　答：因为 789。①

笑话 3　咚咚咚。　　　　　　　　　　　　　　　　　　　　　3 分

　　　　谁呀？

　　　　凸函数。

　　　　哪个凸函数？

　　　　去监狱的凸函数！②

笑话 4　咚咚咚。　　　　　　　　　　　　　　　　　　　　　3 分

　　　　谁呀？

　　　　棱柱。

　　　　哪个棱柱？

　　　　棱柱是凸函数去的地方！

笑话 5　老师："七个 Q 加上三个 Q 等于什么？"　　　　　　　2 分

　　　　学生："十个 Q。"③

　　　　老师："不客气。"

---

① 789（seven eight nine）与 7 吃了 9（seven eat nine）谐音——译者注

② 监狱（prison）与下文的棱柱（prism）谐音——译者注

③ 十个 Q（Ten Q）与谢谢你（Thank you）谐音——译者注

笑话 6　一个切诺基族酋长有三个妻子，三个妻子都怀　4 分
　　　　孕了。第一个女人生了一个男孩儿，酋长非常
　　　　高兴，用水牛皮给她做了一顶帐篷。几天后，
　　　　第二个女人也生了一个男孩儿。酋长非常高兴，
　　　　用羚羊皮给她做了一顶帐篷。几天后，第三个
　　　　女人分娩了，但是酋长并没有宣布分娩的结果。
　　　　他用河马皮给第三个妻子做了一顶帐篷，并且
　　　　邀请部落里的人猜测分娩的结果。猜对的人可
　　　　以获得一笔不小的奖励。一些人进行了尝试，
　　　　但是他们并没有猜对。最后，一个勇敢的年轻
　　　　人站了出来，宣布第三个妻子生了两个男孩儿。
　　　　"正确！"酋长说道。"但你是怎样知道的呢？"
　　　　"很简单，"年轻人回答道。"河马的女人的
　　　　值等于其他两种兽皮的女人的儿子。"

　　　　笑话 6 的其他版本拥有不同的包袱。如果下面
　　　　某个包袱使你发笑，你可以获得额外的分数。

笑话 7　"过度紧张的女神的份额等于其他两位新娘的　2 分
　　　　份额之和。"

笑话 8　"大壶和套索的侍从等于其他两边的侍从　2 分
　　　　之和。"

总分 - 20 分

第 5 章

六度分隔

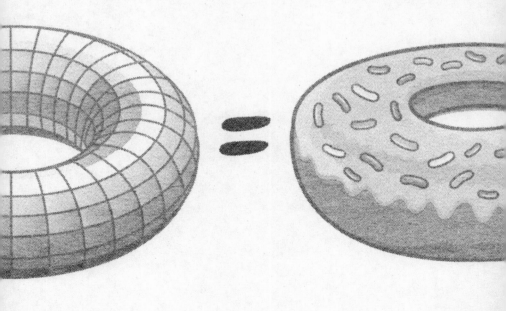

当我在2012年10月访问洛杉矶时，我非常幸运地参加了《辛普森一家》即将播出的"四个遗憾和一场葬礼"一集的剧情讨论会。在讨论会上，人们会分角色读完整集脚本，以便排除一切问题，确定最终脚本，为动画制作做好准备。看到和听到完全成年的亚德利·史密斯（Yeardley Smith）用小丽莎的声音朗读台词是一件非常古怪的事情。类似地，多年来观看《辛普森一家》的经历已经使我熟悉了荷马、马芝和莫·希斯拉克的语气和口音，因此当我听到丹·卡斯泰拉内塔（Dan Castellaneta）、朱莉·卡夫纳（Julie Kavner）和汉克·阿扎里亚（Hank Azaria）这三个大活人发出这些动画人物的声音时，我在认知上感到极不协调。遗憾的是，虽然"四个遗憾和一场葬礼"值得欣赏的地方有很多，但是这一集并没有数学元素。不过，我在同一天看到了即将播出的另一集的原始脚本。这一集名为"卡尔传奇"，其中有一个场景完全是在介绍概率数学。

　　在"卡尔传奇"的开头，马芝把她的家人从电视机前拖走，带着他们到春田市科学博物馆的概率厅进行了一次教育旅行。在

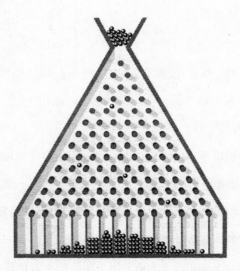

　　高尔顿板的名字来自它的英国发明者、博学的弗朗西斯·高尔顿（1822—1911）。小球从顶部进入，经过钉子的反弹落到底部，形成二项分布。这个经典概率实验的一个版本出现在了"卡尔传奇"中。

　　那里，他们观看了一段视频，视频中的演员扮演了概率论之父布莱士·帕斯卡（Blaise Pascal，1623—1662）的角色。他们还看了概率论的实验演示，演示装置叫作"高尔顿板"。在高尔顿板上，小球沿斜坡滚下，并被一系列钉子弹起。每当遇到钉子，小球都会随机弹向左边或右边，然后碰到下一排钉子，以同样的随机概率弹开。最后，小球被收集到一系列小槽里，形成一个带有隆起的分布。

　　我只读了脚本，因此我无法知道高尔顿板是如何在屏幕上呈现的。我唯一可以确定的是，带有隆起的分布在数学上是准确的，因为一位编剧解释说,小球分布的具体性质是一次脚本修订会的主题。根据杰夫·韦斯特布鲁克的说法,他和编剧团队里的其他几个数学家对于描述小球分布的正确概率公式进行了辩论,其他编剧则一言不发地看着他们。"我们对于小球服从高斯分布还是泊松分布进行了争辩,"韦斯特布鲁克回忆道。"到了最后,我们认为这完全取决于建模方式,但它在本质上属于二项分布。其他人全都翻着白眼,看上去很无聊。"

韦斯特布鲁克曾在哈佛主修物理,随后在普林斯顿大学获得了高度依赖数学的计算机科学博士学位。他的导师是罗伯特·陶尔扬(Robert Tarjan)。陶尔扬是世界闻名的计算机科学家,曾在1986年获得被称为"计算机领域诺贝尔奖"的图灵奖。在完成博士论文以后,韦斯特布鲁克在耶鲁大学做了五年副教授,然后加入了美国电话电报公司贝尔实验室。不过,韦斯特布鲁克对喜剧和双关语的喜爱不亚于他对统计和几何的喜爱,因此他最终放弃了研究,来到了西海岸的洛杉矶。

他的母亲一直希望他成为研究员,她最初将他进入喜剧写作领域的行为称作"绝对的罪行"。韦斯特布鲁克认为他的数学家父亲拥有类似的意见,但他很有礼貌,没有说出自己的意见。韦斯特布鲁克的研究员同事同样不支持他。他还记得他离开贝尔实验室时老板最后对他说的话:"我理解你这样做的原因。我希望你失败,因为我想让你回到这里工作。"

在听说韦斯特布鲁克的学术背景以后，我怀疑他可能是《辛普森一家》所有编剧中数学资质最高的人。他在学术阶梯上的位置显然是最高的，即使其他人也许写过更多的研究论文或者与更多的数学家合作过。我在寻找某种衡量数学资历的标准时想到，一种可行的方案是根据六度分隔概念为每个人打分。

六度分隔指的是世界上的每个人与其他所有人之间最多隔着六层关系。例如，我认识的某个人认识的某个人认识的某个人认识的某个人认识的某个人认识的某个人很可能认识你。这是最著名、最具一般性的六度分隔版本。不过，这种思想也可以用于具体的圈子，比如数学家圈子。所以，我们可以利用六度分隔理论确定世界上在数学领域结交最广、因而可能最具公信力的人。这不是一种完美的衡量，但它是一个有趣的观察角度。

数学版本的六度分隔叫作"保罗·埃尔多斯六度分隔"，它的名字来自数学家保罗·埃尔多斯（Paul Erdös，1913—1996）。这种工具可以确定任何数学家与埃尔多斯之间的联系。联系越近，数学家的排名就越高。不过，为什么埃尔多斯被视作数学界的中心呢？

埃尔多斯之所以拥有这样的地位，是因为他是20世纪最多产的数学家。他与其他511个人共同发表了1,525篇研究论文。之所以能够取得这种令人难以置信的成就，是因为他拥有古怪的生活方式，包括从一所大学来到另一所大学，每隔几周与不同的数学家共同开展研究，并与他们每个人共同撰写论文。在他的一生中，他所有个人物品可以装进一个行李箱里。这很方便，因为这位流浪数学家一直在寻找最有趣的问题和最有成果的合作。他用咖啡和安非他明为大脑提供能量，以便最大限度地获得数学成果。他常常重复同事阿尔弗雷德·雷尼（Alfréd Rényi）首先提出的一个观点："数学家是将咖啡转化成定理的机器。"

在保罗·埃尔多斯六度分隔理论中，两个人之间的联系来自他们共同撰写的论文，尤其是数学研究论文。如果一个人与埃尔多斯直接合写过论文，那么他的"埃尔多斯数"就是1。类似地，如果一个数学家与埃尔多斯数为1的人合写过论文，那么他的埃尔多斯数就是2，依此类推。通过某种链条，埃尔多斯可以与全世界几乎所有数学家联系在一起，不管他们的研究领域如何。

以格雷丝·霍珀（Grace Hopper，1906—1992）为例。格雷丝打造了首个计算机编程语言编辑器，促进了编程语言COBOL的开发，并且普及了在计算机领域用bug（小虫）一词表示错误的做法，因为她在哈佛大学的马克二号计算机里发现了一只被困住的飞蛾。霍珀的大部分数学工作都是她在企业任职期间或者在美国海军服役期间做的。实际上，"令人惊叹的"格雷丝·霍珀最终晋升为海军少将，一艘现役驱逐舰还被命名为"霍珀号"。简而言之，霍珀的数学工作是由技术驱动的，非常务实，偏向工业和军事应用，与埃尔多斯最为纯粹的数字研究完全不同。不过，霍珀的埃尔多斯数却是4。这是因为，霍珀和她读博时的导师菲斯坦因·奥尔（Φystein Ore）共同发表过论文。奥尔的其他学生之中包括著名的群理论家马歇尔·霍尔（Marshall Hall）。霍尔与英国著名数学家哈罗德·R.达文波特（Harold R. Davenport）合写了一篇论文，而达文波特又与埃尔多斯共同发表过论文。

那么，杰夫·韦斯特布鲁克的埃尔多斯数是多少呢？他在普林斯顿大学攻读博士期间开始发表研究论文。除了1989年的毕业论文"算法与动态图算法的数据结构"，他还和导师罗伯特·陶尔扬合写过一些论文。陶尔扬和玛丽亚·克拉维（Maria Klawe）共同发表过论文，克拉维又与保罗·埃尔多斯有过合作。因此，韦斯特布鲁克的埃尔多斯数只有3，这是一个相当体面的结果。

不过，这并没有使他成为《辛普森一家》编剧之中优势明显的领先者。戴维·S.科恩与另一位图灵奖获得者曼纽尔·布卢姆（Manuel Blum）共同发表了一篇论文。布卢姆与特拉维夫大学的诺加·阿隆（Noga Alon）共同发表了一篇论文。阿隆又与埃尔多斯共同发表了几篇论文。因此，科恩的埃尔多斯数也是3。

为了在科恩和韦斯特布鲁克之间分出胜负，我决定探索在《辛普森一家》剧组里成为一名成功编剧的另一个维度，即是否与好莱坞娱乐行业的中心存在紧密的联系。要想衡量一个人的好莱坞等级排名，一种方法是使用另一个六度分隔版本，即凯文·贝肯六度分隔。在这个版本中，你需要通过电影将一个人与凯文·贝肯（Kevin Bacon）联系起来，以确定他或她的贝肯数。例如，席尔维斯特·史泰龙（Sylvester Stallone）的贝肯数是2，因为他和黛米·摩尔（Demi Moore）共同出演了《你和你的工作室》（1995），而摩尔又和凯文·贝肯共同出演了《义海雄风》（1992）。

那么，在《辛普森一家》的编剧团队之中，谁的贝肯数最小？谁与好莱坞之间的联系最为紧密？这个荣誉属于杰出编剧杰夫·韦斯特布鲁克。他在海上探险电影《怒海争锋：极地远征》（2003）中首次触电。在电影制作过程中，导演通过广告招募有经验的、具有英裔爱尔兰血统的海员。韦斯特布鲁克报了名，因为他热衷于航行，而且符合血统要求。结果，他在这部由罗素·克劳（Russell Crowe）主演的电影里获得了一个配角角色。克劳是一个重要节点，因为他和加里·西尼斯（Gary Sinise）共同出演了《致命快感》（1995），而西尼斯又和贝肯共同出演了《阿波罗13号》（1995）。因此，韦斯特布鲁克的贝肯数是3，仅次于史泰龙。简而言之，他与好莱坞之间的联系非常紧密。

所以，韦斯特布鲁克的贝肯数是3，埃尔多斯数也是3。我们可以将这两个数合并成"埃尔多斯－贝肯数"，以表示一个人与好莱坞和数学界的整体联系。韦斯特布鲁克的埃尔多斯－贝肯数是6。我们还没有讨论《辛普森一家》其他编剧的埃尔多斯－贝肯数，但我可以证实，他们之中没有一个人能够超越韦斯特布鲁克的分数。换句话说，在浮华城[1]的所有书呆子中，韦斯特布鲁克是整体上最浮华、最具书呆子气的人。[2]

· · ·

哥伦比亚大学的数学家戴夫·拜耳（Dave Bayer）最先把埃尔多斯－贝肯数的事情告诉了我。他是电影《美丽心灵》的顾问。这部电影根据西尔维亚·纳萨尔（Sylvia Nasar）为数学家约翰·纳什（John Nash）撰写的备受欢迎的传记改编而成。纳什曾在1994年获得诺贝尔经济学奖。拜耳的职责包括检查镜头中出现的方程式，以及在涉及黑板的场景中表演罗素·克劳的手部动作。拜耳还获得了电影结尾的一个小角色，当时普林斯顿数学教授把钢笔送给了纳什，以承认他的伟大发现。拜耳自豪地解释说："我出场的那一幕叫作'赠笔仪式'。我说，'教授，这是一项特权。'我是第三个在罗素·克劳面前放下钢笔的教授。"所以，拜耳与兰斯·霍华德(Rance Howard)共同出演了《美丽心灵》。兰斯·霍华德与凯文·贝肯共同出演了《阿波罗13号》，这意味着

---

① 指好莱坞。——译者注

② 我当然研究了我自己的分数。我的埃尔多斯数是4，贝肯数是2，因此我和杰夫·韦斯特布鲁克的排名相同。此外，我似乎还拥有一个安息日数，这是通过音乐合作将我和摇滚乐队"黑色安息日"的成员联系在一起的数字。实际上，根据"埃尔多斯－贝肯－安息日"项目（http://ebs.rosschurchley.com），我的埃尔多斯－贝肯－安息日数是10，这使我获得了世界上第八低的埃尔多斯－贝肯－安息日数，与理查德·费曼（Richard Feynman）等人持平。

拜耳的贝肯数是2。

　　作为备受尊重的数学家，拜耳的埃尔多斯数是2，这并不令人吃惊。因此，拜耳的埃尔多斯－贝肯数是4。当《美丽人生》在2001年上映时，拜耳声称自己拥有世界上最小的埃尔多斯－贝肯数。

　　后来，伊利诺伊大学数学家布鲁斯·雷兹尼克（Bruce Reznick）声称自己拥有更小的埃尔多斯－贝肯数。他与埃尔多斯合写了论文"一族数列的渐近特性"，因此他的埃尔多斯数是1。另一个同样令人震撼的事实是，在《星际迷航》的传奇创造者吉恩·罗登伯里（Gene Roddenberry）1971年执笔和制作的电影《美雏成行》中，雷兹尼克扮演了一个很小的角色。这部青少年恐怖电影讲述了一个连环杀人犯在滨海高中追杀受害者的故事。片中的演员罗迪·麦克道尔（Roddy McDowall）后来与凯文·贝肯共同出演了《大电影》（1989）。因此，雷兹尼克的贝肯数是2，这意味着他的埃尔多斯－贝肯数是3。这个数字低得令人难以置信。

　　到目前为止，埃尔多斯－贝肯数的历史最低纪录都是由涉足表演领域的数学家创下的。不过，一些演员也对研究工作有所涉猎，从而获得了不错的埃尔多斯－贝肯数。最著名的例子之一是科林·弗思（Colin Firth），他与埃尔多斯的联系始于他在英国广播公司第四电台担任《今日》节目客座编辑的经历。为了准备节目中的一项内容，弗思请求神经科学家杰伦特·里斯（Geraint

Rees）和金井良太（Ryota Kanai）开展一项实验，研究大脑结构与政治观点之间的相关性。这导致了更加深入的研究。后来，两位神经科学家邀请弗思与他们共同撰写论文"年轻成人的政治倾向与大脑结构存在相关性"。虽然里斯是神经科学家，但他可以通过复杂的合作关系与数学界联系在一起，他的埃尔多斯数是5。由于弗思与里斯共同发表了论文，因此他的埃尔多斯数是6。他的贝肯数是1，因为他与贝肯共同出演了《何处寻真相》（2005）。因此，弗思的埃尔多斯－贝肯数是7——这很令人震撼，但它与雷兹尼克的纪录仍然相去甚远。

　　类似地，纳塔莉·波特曼（Natalie Portman）也拥有惊人的埃尔多斯－贝肯数。她在哈佛大学学习期间进行了一些研究，并与他人共同发表了论文"客观稳定期间的额叶激活：来自近红外光谱的数据"。不过，她并没有以纳塔莉·波特曼的名字出现在任何研究数据库中，因为她的论文是用她结婚之前的名字纳塔莉·赫什拉格（Hershlag）发表的。她的合著者之中包括艾比盖尔·A.贝尔德（Abigail A. Baird）。贝尔德与数学研究界存在联系，她的埃尔多斯数是4。这意味着波特曼的埃尔多斯数是5。波特曼的贝肯数来自她对多段式电影《纽约，我爱你》（2009）中一段故事的导演。这部电影的某些版本包含由凯文·贝肯主演的一个片段，因此波特曼理论上的贝肯数是1。所以，波特曼的埃尔多斯－贝肯数是6，这足以使她超越弗思，但还不足以对雷兹尼克的纪录带来任何有威胁的挑战。

保罗·埃尔多斯的情况如何呢？令人吃惊的是，他的贝肯数是4，因为他出演了关于个人生活的纪录片《N是一个数》（1993），参加演出的托马斯·卢察克（Tomasz Luczak）又与鲁特格尔·豪尔（Rutger Hauer）共同出演了《磨坊与十字架》（2011）。豪尔与普雷斯顿·梅班克（Preston Maybank）共同出演了《惊爆轰天雷》（1991），梅班克又与凯文·贝肯共同出演了《局部麻醉剂》（2001）。埃尔多斯的埃尔多斯数显然是0，因此他的埃尔多斯-贝肯数是4——这还不足以赶超雷兹尼克。

最后，凯文·贝肯的埃尔多斯-贝肯数是多少呢？贝肯的贝肯数当然是0。不过，他目前并没有埃尔多斯数。理论上说，他有可能喜欢上数论，与一个贝肯数为1的人共同发表研究论文。这样一来，他的埃尔多斯-贝肯数将会变成2，这是一个无法超越的数字。

第 6 章

统计和棒球女王丽莎·辛普森

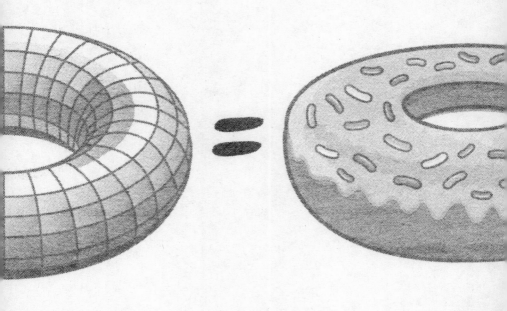

当辛普森一家作为《特蕾西·厄尔曼秀》的一部分首次在电视上亮相时，每个人物的个性还没有像今天这样定型。实际上，巴特·辛普森的配音演员南希·卡特赖特（Nancy Cartwright）在回忆录《我扮演十岁男孩的人生》中强调了丽莎的一个重要性格缺陷："她只是一个活泼的八岁孩子，没有任何性格。"

这种描述虽然刺耳，但却很中肯。如果说丽莎在早期拥有性格的话，她也只是巴特的女性弱化版本；她的淘气程度稍微弱一些，而且和巴特一样厌倦书本。她永远不会考虑用功读书。

不过，当《辛普森一家》成为独立动画片时，马特·格罗宁和他的编剧团队努力为丽莎赋予了不同的身份。她的大脑得到了重新配置，她被改造成了学霸，并且拥有对于他人的同情和集体责任感。卡特赖特对于她在片中的妹妹所具有的新性格做了巧妙的总结："我们不仅希望自己的孩子成为丽莎·辛普森这样的人，而且希望所有孩子成为这样的人。"

虽然丽莎变成了多才多艺的学生，但斯金纳校长在"恐怖树屋十"（1999）中认为她尤其在数学方面拥有特殊的才能。当一大堆沙滩椅砸在丽莎身上时，斯金纳喊道："她被压扁了！……我们数学竞赛小组的希望也被粉碎了。"

我们在"死亡推杆协会"（1990）中看到了丽莎这种数学天赋的具体表现。在这一集中，荷马和巴特想要与自以为是的邻居、佛兰德斯（Flanders）家的内德（Ned）和托德（Todd）进行一场迷你高尔夫锦标赛。在比赛的准备阶段，巴特在培养推杆技巧时遇到了困难，因此他向丽莎寻求建议。丽莎本来应该建议巴特换手，因为他是天生的左利手，但他在这一集里一直在采用右利手推杆站姿。不过，丽莎并没有这样做。相反，她将几何作为推杆的关键，因为她可以利用这个数学分支计算球的理想轨迹，确保巴特每次都能一杆进洞。在一次练习过程中，她成功教会了巴特如何利用五面墙壁将球弹进洞里。对此，巴特说道："真是令人难以置信。你真的找到了几何在现实生活中的用途！"

同这个漂亮的特技表演相比，编剧在"金钱巴特"（2010）中利用丽莎的性格探索了更加深刻的数学思想。在这一集的开头，作为春田小学唯一进入常春藤大学的学生，充满魅力的戴利娅·布林克利（Dahlia Brinkley）回到了母校，并且受到了欢迎。不出所料，斯金纳校长、查尔默斯校监（Superintendent Chalmers）以及一些学生试图讨好布林克利，包括一直很庸俗的纳尔逊·芒茨。为了给春田最成功的校友留下深刻的印象，纳尔逊假装自己是丽莎的朋友。他装作对丽莎的数学才能感兴趣的样子，鼓励她向布林克利女士展示她的能力：

> 纳尔逊：她会做那种包含字母的数学题。不信你看！
>
> x 等于多少，丽莎？
>
> 丽莎：不一定。
>
> 纳尔逊：对不起。她昨天还会做的。

在这次接触过程中，戴利娅向丽莎解释说，考试结果本身不足以使一个人进入最好的大学，她自己的成功在某种程度上基于她在春田小学就读期间参加的各种课外活动。丽莎说，她是爵士乐俱乐部的会计，并且创立了学校的自行车协会，但是戴利娅不为所动："两个俱乐部。这仅仅相当于桥牌中的叫牌，不足以申请常春藤学校。"

另一方面，巴特的少棒联盟棒球队伊索托茨失去了教练，因此丽莎抓住这个提升自己进入常春藤概率的机会，接管了球队。虽然她参加了一项新的课外活动，但她也意识到自己对于棒球一无所知，因此她来到莫记客栈，向荷马寻求建议。荷马没有传授自己的棒球知识，而是让女儿去找坐在角落里的四位不太可能了解棒球的书呆子。令丽莎吃惊的是，来自春田大学的本杰明（Benjamin）、道格（Doug）和加里（Gary）正在和弗林克教授热情地谈论棒球的细节。当丽莎询问为什么他们在讨论体育运动时，弗林克解释说，"玩棒球的都是些身体灵活的人，但是只有像波因德克斯特那样的人才能理解棒球。"[1]

换句话说，弗林克认为理解棒球的唯一途径就是进行深入的数学分析。他给了丽莎一摞书，让她拿回去学习。当丽莎离开时，莫来到这群书呆子身边，对他们不喝啤酒一事提出了抱怨："哦，我为什么要在《科学美国人》上为我的特别饮品刊登广告呢？"

丽莎听从了弗林克的建议。实际上，在丽莎执教伊索托茨队的第一场比赛即将开始时，一名记者发现她正埋头于一堆技术书籍之中。面对这个不同寻常的场面，他说："自从阿尔伯特·爱因斯坦乘坐独木舟的时代结束以后，我从未在球员席[2]上见过这么多的书。"

丽莎的书包括《$e^{i\pi}+1=0$》《$F=MA$》和《薛定谔的球棒》等。这些书都是虚构的。不过，压在丽莎笔记本电脑下面的《比尔·詹姆斯棒球历史概要》是一本真实存在的书，其中记录了最重要的棒球统计数据，是由最重要的棒球思想家之一比尔·詹姆斯整理的。

比尔·詹姆斯（Bill James）现在已经成了棒球界和统计学界备受尊重的人，但他对这些领域的研究并不是在体育组织或象牙塔里开始的。相反，当他在美国古老的罐装食品公司之一斯托克利－范坎普公司的一家猪肉和豆类加工厂担任守夜人时，他在漫

---

[1] 还记得吗？波因德克斯特是《菲利克斯猫》中的神童。在"再见，书呆子"（2010）一集中，丽莎发现的信息素波因德克斯特罗斯就是以他的名字命名的。

[2] "球员席"的原文 dugout 还可以表示"独木舟"。——译者注

丽莎被书籍包围，其中包括《比尔·詹姆斯棒球历史概要》。

长而孤独的夜晚形成了自己最初的伟大领悟。

在保证美国猪肉和豆类食品供应的同时，詹姆斯探索了之前几代棒球迷没有发现的事实真相。他逐渐得出了一个结论：用于评价棒球选手个人能力的统计量有时并不恰当，有时没有得到很好理解。更糟糕的是，这些统计量常常具有误导性。例如，评价外野手表现的最重要的统计量是失误次数：外野手的失误越少，他的表现就越好。这种评价方法看上去是合理的，但詹姆斯对于失误统计量的有效性产生了怀疑。

为了理解詹姆斯的担忧，想象一个击球手将球击向了远离所有外野手的空中。一个速度很快的外野手狂奔五十码，及时赶到了球的落地点，但是没能接到球。这次接球被记作一次失误。在接下来的比赛中，一个行动迟缓的外野手遇到了相同的情况，但是当球落地时，他只跑了不到一半的距离，因此并没有做出接球动作。重要的是，这并不会被记作失误，因为外野手并没有漏球或掉球。

根据这些信息，你更愿意哪一个球员出现在你的队伍中？答案显然是速度快的球员，因为他可能在下一次接到球，而速度慢的球员在同样的情形中总是无法为球队作出贡献。

不过，根据失误统计量，速度快的球员有一次失误，而速度慢的球员没有失误。所以，如果我们仅仅根据失误统计量选择球员，我们就会选错人。这类统计量使詹姆斯彻夜难眠。它们会使人们对球员的表现产生错误的印象。

当然，詹姆斯不是第一个对统计量的滥用和误用感到担忧的人。马克·吐温（Mark Twain）说过一句流传甚广的名言，"世界上有三种谎言：谎言，该死的谎言，统计数字。"化学家弗雷德·门格尔（Fred Menger）以类似的语气写道："如果你拷打数据的时间足够长，它会招认几乎任何事情。"不过，詹姆斯相信，统计量可以成为一种强大的积极力量。如果他能找到一组合适的统计量，并对它们做出恰当的解释，他就可以深入了解棒球的真正本质。

每天晚上，他都会盯着数据，写下一些等式，对各种假设进行检验。最终，他制定出一个令人满意的统计框架，并将他的理论组织成了一本薄薄的小册子，题目是《1977年棒球概要：你在其他地方看不到的18类统计信息》。他在《体育新闻》上刊登了广告，并且卖出了75本。

这本书的续篇《1978年棒球概要》包含了4万个统计数据，而且更加成功，卖出了250本。在《1979年棒球概要》中，詹姆斯解释了他出版所有这些统计的动机："我是一名数据技工，我会摆弄棒球比赛记录，以研究棒球进攻机器的运转方式。我对数据的处理方式并不比技工对活动扳手的处理方式更为高级。我从比赛入手，从我所看到的和人们所说的事情入手。我会问：这是真实的吗？你能验证它吗？你能对它进行衡量吗？"

年复一年，詹姆斯《棒球概要》的读者越来越多。志趣相投的数据研究者渐渐意识到，他们发现了一位大师。小说家和新闻记者诺曼·梅勒（Norman Mailer）成了他的粉丝，在电视节目《拉文与雪莉》中扮演斯奎基（Squiggy）的演员兼棒球迷戴维·兰德（David Lander）也成了詹姆斯的崇拜者。詹姆斯最年轻的粉丝之一蒂姆·朗（Tim Long）后来加入了《辛普森一家》的编剧团队，写下了"金钱巴特"的脚本，并在丽莎·辛普森身边放了一本詹姆斯的书。

根据朗的说法，詹姆斯是他青少年时期的英雄："我在高中时喜欢微积分，同时也是棒球迷。我的父亲和我都很喜欢棒球。不过，人们完全是在根据民间智慧管理球队。所以，当一个人用

对于统计世界模糊性的更多洞察

"他利用统计学支持个人观点，而不是用它来揭示真相，这正如醉汉利用路灯柱支撑身体，而不是用它来照亮前进的道路。"

——安德鲁·兰（Andrew Lang）

"在所有统计数据中，有 42.7% 是现场编造的。"

——斯蒂芬·赖特（Steven Wright）

"向学校里的人介绍一点点或者非常肤浅的统计学知识就好像把剃刀放在婴儿手里一样。"

——卡特·亚历山大（Carter Alexander）

"于是，一个人在穿越平均六英寸深的溪流时被淹死了。"

——W. I. E. 盖茨（W. I. E. Gates）

"我总是觉得统计数据难以下咽，无法消化。我所记得的唯一一个统计数据是，如果所有在教堂里睡觉的人能够躺下来，他们会非常舒服。"

——玛莎·塔夫脱夫人（Mrs. Martha Taft）

"平均每个人拥有一个乳房和一个睾丸。"

——德斯·麦克黑尔（Des Machale）

三位统计学家在乘坐火车参加会议时遇到了三位生物学家。生物学家们对于昂贵的火车票价提出了抱怨，统计学家们则透露了一个省钱的技巧。当统计学家们听到检票员的声音时，他们立刻挤进了洗手间。检查员敲了敲洗手间的门，喊道："请出示车票！"统计学家们把一张票从门缝底下塞了出去。检查员盖了章，把票还给了他们。三位生物学家深受触动。两天后，在回程的火车上，三位生物学家告诉统计学家，他们只买了一张票，统计学家们却说："我们一张票也没买。"就在生物学家们想要进一步询问的时候，远处传来了检票员的声音。这一次，三位生物学家匆匆挤进了洗手间。一位统计学家悄悄地跟在他们后面。他敲了敲洗手间的门，说道："请出示车票！"生物学家从门缝下面把票塞出来。统计学家拿起车票，和他的同事冲进另一个洗手间，等待着真正的检票员。这个故事的寓意很简单："不要使用你不理解的统计方法。"

——佚名

数据反驳各种民间智慧时，我很高兴。我14岁时是比尔·詹姆斯的狂热粉丝。"

詹姆斯最热心的追随者之中包括一些数学家和计算机程序员，这些人不仅接受了他的观点，而且提出了自己的思想。例如，皮特·帕尔默（Pete Palmer）是阿留申群岛雷达基地的计算机程序员和系统工程师，负责监视俄罗斯人。这是猪肉和豆类加工厂守夜人的高科技版本。和詹姆斯一样，他也会在工作到深夜时考虑棒球统计数据。实际上，他从儿时起就迷上了棒球，曾经痴迷地在母亲的打字机上编辑棒球记录。他最重要的贡献之一是提出了一个新的统计量，叫作"上垒加长打率"，这个统计量包含了击球手最重要的两项能力，即将球击出场外的能力以及相比之下不那么刺激的上垒能力。

为了让你了解帕尔默是如何利用数学评价击球手的，我在下一页列出了上垒加长打率的完整公式。其中，第一部分是长打率，即选手的垒打数除以打数。第二部分是上垒率。我们将在回到"金钱巴特"的话题时讨论上垒率，因为丽莎·辛普森在选择队员时依据的就是上垒率。

同帕尔默和詹姆斯类似，理查德·克莱默（Richard Cramer）也是一个利用数学研究棒球的兼职业余统计学家。作为史克制药公司的研究员，克莱默可以使用性能强大的计算机。这些计算机是用来辅助新药开发的。不过，克莱默却在夜间利用计算机解决

下面是上垒加长打率公式，它是由帕尔默和棒球史学家约翰·索恩
（John Thorn）通过《棒球的秘密游戏》一书最先推广的。如果
你想跳过这些由数学和棒球术语组成的地雷阵，请不要感到内疚。

$$OPS = SLG + OBP$$

$$SLG = \frac{TB}{AB} \qquad OBP = \frac{H + BB + HBP}{AB + BB + SF + HBP}$$

所以

$$OPS = \frac{AB \times (H + BB + HBP) + TB \times (AB + BB + SF + HBP)}{AB \times (AB + BB + SF + HBP)}$$

OPS= 上垒加长打率　　OBP= 上垒率　　　　SLG= 长打率
H= 安打　　　　　　　BB= 四坏保送　　　　HBP= 触身球次数
AB= 打数　　　　　　　SF= 高飞牺牲打　　　TB= 垒打数

棒球问题，比如关键击球手现象是否真实。关键击球手是在球队
面临巨大压力时能够做出优异表现的球员。通常，关键击球手可
以在球队处于失败边缘时打出好球，尤其是在比赛特别重要时。
几十年来，解说员和权威人士一直宣称这种球员是存在的，但克
莱默却决定对此进行检验：关键击球手真的存在吗？他们是否仅
仅是选择性回忆的结果？

　　克莱默的方法简单，优雅，而且完全基于数学。他要测量
球员在某个赛季普通比赛和高压比赛中的表现——克莱默选择了
1969年赛季。少数球员在关键时刻看上去的确表现优秀。不过，
这种现象来自他们在压力下迸发出的内在超能力，还是仅仅来自
巧合？克莱默的下一步分析是对1970年赛季进行同样的计算；如

果在关键时刻击球成功真的是某些球员的特殊技能，那么1969年的关键击球手在1970年当然也是关键击球手。相反，如果关键时刻的成功击球来自巧合，那么1969年的假定关键击球手将在1970年被另一些幸运的关键击球手取代。克莱默的计算表明，两个赛季的两组关键击球手之间不存在显著性关系。换句话说，在一个赛季被视作关键击球手的人无法将自己的表现维持下去。他们并不具有特别的关键性，而仅仅是幸运而已。

詹姆斯在1984年的《棒球概要》中解释说，他对此并不感到惊讶："如果一名球员的反应、击球、知识和经验使他成为击球率为0.262的球员，那么他怎么会在比赛特别重要的时候神奇地变成击球率为0.300的球员呢？这怎么可能发生呢？他是怎样做出转变的呢？哪些因素导致了他的转变呢？在回答这些问题之前，我觉得谈论所谓的'关键能力'是没有意义的。"

由于在纽约洋基队的击球表现而被称为"关键队长"的德里克·基特（Derek Jeter）坚决反对统计学家们的观点。他在接受《体育画报》采访时表示："你可以把这些统计人士扔到窗户外面。"遗憾的是，基特本人的数据支持了詹姆斯的结论。在13个赛季中，平均来看，基特的击球率、上垒率、长打率在常规赛中分别是0.317、0.388、0.462，在重要的季后赛中是0.309、0.377、0.469（稍差一些）。

当然，所有新的数学学科都需要名字。渐渐地，这种以客观的经验性分析方法理解棒球的学科被称为赛伯计量学。这个词语是由詹姆斯发明的，它的词源SABR是美国棒球研究协会的缩写。该协会成立的宗旨是促进各个棒球领域的研究，比如棒球的历史、棒球与艺术的关系以及棒球中的女性等。在20年时间里，这个棒球组织在很大程度上忽略了詹姆斯及其日益增多的赛伯计量学同事，有时甚至还会嘲笑他们。不过，赛伯计量学的正确性最终得到了证实，因为一支非常勇敢的球队以最为坚决的方式采纳了这种方法，证明了它是在棒球领域取得成功的秘密。

　　1995年，两位房地产开发商史蒂夫·肖特（Steve Schott）和肯·霍夫曼（Ken Hofmann）买下了奥克兰运动家棒球队。两个人从一开始就明确表示，球队的预算需要削减。当比利·比恩（Billy Beane）1997年成为球队总经理时，运动家队已经成了职业棒球大联盟中工资最低的球队。比恩意识到，在缺乏资金的情况下，要想赢下一定数量的比赛，唯一的希望就是采用统计学方法。换句话说，他需要利用数学家的智慧战胜财大气粗的对手。

　　作为比尔·詹姆斯的信徒，比恩将痴迷于统计数据的哈佛经济学毕业生保罗·德波戴斯塔（Paul DePodesta）聘为助理，以显示他对统计学的信心。德波戴斯塔又找来了更多热衷于统计数字的人，比如离开华尔街、成立棒球统计公司"先进价值矩阵系统"的财务分析师肯·毛列洛（Ken Mauriello）和杰克·安布拉斯特（Jack Ambruster）。他们分析了每个球员在过去几百场比赛中的数据，以判断每个投手、外野手和击球手对球队的精确贡献。他们的算法最大限度地降低了运气因素的随机影响，成功地为每支球队的每名球员赋予了一个美元值。这为比恩提供了获取被低估的球员所需要的信息。

比恩很快意识到，市场上最有利的交易出现在赛季中期，因为无法在联赛中胜出的球队此时会通过卖掉球员减少损失。根据供需法则，这些球员的价格会下降。而且，比恩可以利用统计数据在陷入困境的球队中找到被人忽视的优秀球员。有时，德波戴斯塔推荐的交易或购买行为在传统主义者看来似乎很疯狂，但比恩很少怀疑他的建议。实际上，交易越疯狂，获得被低估球员的可能性就越大。到了2001年，德波戴斯塔的数学知识及其导致的赛季中期交易的威力已经很明显了。在这个赛季前半程的81场比赛中，奥克兰运动家队只赢下了50%的比赛；而在后半程，这个比例提升到了77%。最终，球队取得了美国联盟西区第二名的成绩。

这种基于统计数据的戏剧性进步后来被记者迈克尔·刘易斯（Michael Lewis）记录在了《魔球》（Moneyball）一书中。刘易斯跟踪了比恩在多个赛季中对赛伯计量学的大胆应用。当然，在《辛普森一家》中，丽莎成为棒球教练的那一集的标题"金钱巴特"（MoneyBART）模仿了刘易斯的书名。此外，在第97页的图片中，丽莎计算机下面的第三本书就是《魔球》。因此，我们可以相信，丽莎完全了解比利·比恩和他以最纯粹的方式使用赛伯计量学的经历。

遗憾的是，在2001年赛季结束时，比恩的三个重要球员去了纽约洋基队。洋基队完全有财力大量买进竞争对手的天才球员，以削弱对手的实力；洋基队的工资总额是1.25亿美元，而像奥克兰运动家队这样的穷队只有4,000万美元的预算。对于这一情况，刘易斯是这样描述的："对于个人身体优势不满意的歌利亚（Goliath）买下了大卫（David）的投石器。"

因此，运动家队在2002年赛季初再次取得了糟糕的成绩。不过，在赛季中期，凭借德波戴斯塔的计算，运动家队完成了一些廉价交易，弥补了被洋基队买走球员的损失。实际上，在赛伯计量学的帮助下，奥克兰运动家队在赛季后期完成了惊人的20场连胜，打破了美国联盟的纪录，并且成为美国联盟西区第一名。这是逻辑之于教条的最终胜利。可以说，赛伯计量学导致了现代棒球运动中最伟大的成就。

当刘易斯在第二年出版《魔球》时，他承认自己曾在一些时候对于比恩依赖数学的做法产生怀疑："我的问题可以简单地表述成：每个球员都是不同的。我们必须对具体球员进行具体分析。我们的样本大小应该永远是1。（比恩的）回答同样简单：棒球选手遵循相似的模式，这些模式存在于记录册中。当然，经常会有一些球员跳出自己的统计命运，但在拥有25名球员的队伍中，统计异常往往会相互抵销。"

《魔球》使比恩在公众心目中成了一个坚信赛伯计量学、敢于挑战棒球传统的特立独行的英雄。他还在足球等其他体育项目中获得了一些崇拜者，就像附录1讨论的那样。当改编自《魔球》的好莱坞电影《点球成金》上映时，就连不是体育迷的人也知道了比恩的成功。这部电影由布拉德·皮特（Brad Pitt）饰演比利·比恩，并且获得了奥斯卡奖提名。

面对比恩的成功，其他球队自然采纳了奥克兰运动家队的方法，开始聘请赛伯计量学家。波士顿红袜队在2003年赛季开始之前聘请了比尔·詹姆斯。一年后，赛伯计量学之父帮助球队在86年时间里第一次赢得了世界大赛的胜利，打破了所谓的"圣婴诅咒"。渐渐地，洛杉矶道奇队、纽约洋基队、纽约大都会队、圣迭戈教士队、圣路易斯红雀队、华盛顿国民队、亚利桑那响尾蛇队和克利夫兰印第安人队也都聘请了全职赛伯计量学家。不过，有一支棒球队比其他球队更能证明数学的威力，那就是由丽莎·辛普森带领的春田伊索托茨队。

在"金钱巴特"中，当丽莎抱着一堆数学书离开莫记客栈时①，她决定利用统计学帮助伊索托茨队取得胜利。果然，她成功地利用电子表格、计算机模拟和详细的分析将伊索托茨队从一支

---

① 巧合的是，当丽莎在莫记客栈和弗林克教授谈话时，弗林克用他的笔记本电脑向丽莎展示了比尔·詹姆斯的一段网上视频，视频中的声音来自比尔·詹姆斯本人。

长期在下游徘徊的球队转变成了联赛中仅次于首府队的球队。不过，在对阵谢尔比维尔队的比赛中，丽莎告诉巴特不要击球，但巴特违背了她的命令……然后赢得了比赛。根据丽莎的说法，巴特全垒打的成功仅仅是一种侥幸。实际上，她觉得这种反抗可能会危及她的统计策略，毁掉球队未来的希望。她把巴特开除出了球队，因为"他认为自己可以胜过概率法则"。

丽莎注意到纳尔逊·芒茨拥有最高的上垒率，因此根据赛伯计量学的原则将他选为新的第一棒。第一棒最重要的任务就是上垒。丽莎显然和她的赛伯计量学同行埃里克·沃克（Eric Walker）具有相同的观点，后者认为上垒率非常重要："简单而准确地说，上垒率是击球手不出局的概率。当我们以这种方式表述上垒率时，一个观点变得或者应该变得非常清晰：最重要的单一（一维）进攻统计量就是上垒率。它衡量了击球手不会朝着本局结束迈进的概率。"

果然，凭借丽莎对于上垒率的认识，伊索托茨队延续了连胜势头。一名解说员宣称，丽莎的成功是"数据处理之于人类精神的胜利"。

不出所料，伊索托茨队进入了少年棒球联合会州冠军比赛，需要和首府队一争高下。遗憾的是，丽莎的队员拉尔夫·维古姆（Ralph Wiggum）由于饮用果汁过量而失去了参赛能力，因此丽莎不得不邀请巴特回归球队。巴特不情愿地接受了邀请，因为他知道，他将面临一个两难选择：他是听从自己的本能呢，还是服从丽莎基于数学的策略？在最后的第十一局，当首府队以11–10领先伊索托茨队时，巴特再次决定违反丽莎的命令。这一次，他以最后一棒的身份出局。伊索托茨队输掉了比赛，而这完全是因为巴特没有遵从赛伯计量学的教导。

在这一集的结尾，丽莎和巴特达成了和解。不过，兄妹两人显然拥有两种完全不同的理念。丽莎认为棒球需要分析和理解，巴特则相信运动的真谛是本能和情感。这两种观点反映了关于数学和科学角色的更大范围的争论。你可能会问，分析会毁掉我们这个世界的内在美，还是会使世界变得更加美丽？在许多方面，巴特的态度概括了英国浪漫主义诗人约翰·济慈（John Keats）表达的观点：

> 在冰冷哲学的触碰下
>
> 所有的魅力不就烟消云散了吗？
>
> 天堂里曾有一道令人敬畏的彩虹：
>
> 我们知道她的经纬，她的质地；
>
> 她在平淡无奇的事物之中熠熠生辉。
>
> 哲学会钳住天使的翅膀，
>
> 用精确的规则解开一切谜团，
>
> 将空气中的鬼神和矿井里的地精一扫而空——

　　　　将刚刚形成的彩虹分解开来

　　　　温柔的人形拉弥亚化成了阴影。

　　上面是诗歌《拉弥亚》的节选。拉弥亚是希腊神话中吃小孩的恶魔。在19世纪的语境中，济慈所说的"哲学"包含了数学和科学。他认为数学和科学分解和拆散了大自然的优雅。济慈相信，理性分析会将"彩虹分解开来"，从而毁掉它的内在美。

　　另一方面，根据丽莎·辛普森的观点，这种分析会使人们在看到彩虹的基础上获得更加令人愉快的经历。物理学家、诺贝尔奖得主理查德·费曼的话语也许最能表达丽莎的世界观：

　　　　我有一个艺术家朋友，他有时会采取一种我不是非常赞同的观点。他会拿起一朵花，说，"看，它多美。"我想，我会同意这种观点的。他还会说——"你知道，我这个艺术家可以看到它有多美，但你这个科学家，哦，你会把它完全分解开，使它变得平淡无奇。"我想，他的话有点可笑。首先，我认为他所看到的美也可以被其他人看到，包括我，尽管我的美学修养可能比不上他……我可以欣赏一朵花的美。与此同时，面对这朵花，我比他看到了更多的东西。我可以想象花的细胞，想象花朵内部复杂的活动，这也是美的。我是说，它的美不仅存在于一厘米的尺度上，而且存在于更小的尺度上，存在于它的内部结构之中。此外，还有它的生物过程。花的颜色经过了进化,可以吸引昆虫为其传粉,这很有趣——这意味着昆虫可以看到花的颜色。这引出了一个问题:这种美学感受也存在于低等生命形式之中吗?为什么它是美的?此外,还有各种有趣的问题,这说明科学知识只会增加花朵带给我们的兴奋、惊奇和神秘感。这些感觉只会增加;我不知道它们为什么会减少。

第 7 章

女性代数和女性几何

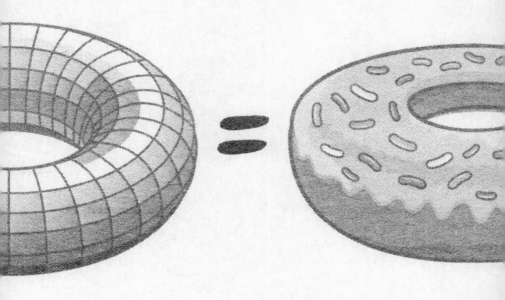

在"他们拯救了丽莎的大脑"（1999）中，丽莎的数学天赋和她在其他方面的聪颖使她获得了加入门萨协会当地分会的邀请。门萨协会是由高智商人群组成的协会。当丽莎加入协会时，春田市长昆比（Quimby）为躲避腐败指控而潜逃，因此门萨协会成员接管了城市。在该地区最聪明的男人、女人和孩子的领导下，春田似乎获得了发展和繁荣的好机会。

遗憾的是，高智商并不等同于明智的领导力。例如，春田的新领导最为荒谬的决定之一是采用一种公制计时系统，类似于法国在1793年试行的计时制。法国人曾经认为一天十小时、一小时一百分钟、一分钟一百秒的制度在数学上很有吸引力。然而，法国人在1805年放弃了这种制度。不过，在这集动画片中，斯金纳校长自豪地吹嘘说："现在，火车不仅在按时运行，而且在按照公制时间运行。请大家记住目前这个时刻：4月47日2时80分。"

作为《星际迷航》的粉丝，"漫画男"建议将性行为限制为每七年一次。这是为了模仿瓦肯人每七年发情一次的"庞发"现象。随后，这些聪明人又颁布了一些法令，比如椰菜汁计划以及建造皮影剧院（兼具泰国和巴厘岛风格）的计划。最终，春田的守法公民开始反抗知识精英。实际上，当这一集接近尾声时，反叛的群众把怒火集中在了丽莎身上。幸好，斯蒂芬·霍金教授（Professor Stephen Hawking）及时赶到，救出了丽莎。我们通常将霍金与宇宙学联系在一起，但他在剑桥大学做了三十年的卢卡斯数学教授，这使他成了《辛普森一家》中出现过的最著名的数学家。不过，当霍金坐着轮椅赶到现场时，不是每个人都知道他是谁。当霍金宣布门萨会员们已被权力腐蚀时，荷马说："拉里·弗林特（Larry Flynt）说得没错！你们这些家伙坏透了！"①

　　编剧热情地邀请霍金教授在这一集中客串出演，因为根据剧情，他们需要一个比春田所有门萨会员加在一起还要聪明的人物。霍金教授多年来一直很喜欢这部动画片。他已经做出了访问美国的计划，因此他立即调整了日程安排，以便访问动画工作室，参加一场配音活动。霍金客串《辛普森一家》的一切准备工作似乎已经到位了。不过，他的轮椅突然"怯场"了，在他预定从蒙特利飞往洛杉矶的48小时之前发生了严重故障。霍金的研究生助理克里斯·伯戈因（Chris Burgoyne）在当晚和第二天连续工作了36个小时，这才排除了故障。霍金抵达录音棚以后，编剧们耐心

---

① 拉里·弗林特是美国色情作品出版商。他在1978年遇刺，腰部以下瘫痪，从此只能坐在轮椅上。

地等待他把每一句台词输入到自己的计算机里。这时，最后一个问题出现了。当霍金对于门萨会员管理春田的方式感到失望时，他说："我本想看看你们的乌托邦，但我发现它更像是水果国度（Fruitopia）。"不过，霍金的声音合成器在表述这句台词时遇到了困难。原来，水果国度是美国的一种水果味饮料，因此霍金的计算机词典中没有这个单词。因此，霍金和剧组团队不得不研究如何构建"水果国度"的发音。后来，编剧马特·塞尔曼在评论这集动画时回忆道："我们请来了世界上最聪明的人，并且用他的宝贵时间录制了'水果国度'的每一个音节。这是一件不同寻常的事情。"

在"他们拯救了丽莎的大脑"中，霍金出演的镜头里，最令人难忘的地方是他带丽莎逃离暴民的方式。他打开了轮椅上的直升机旋翼，带着丽莎迅速回归安全地带。他也许知道丽莎在未来可以取得伟大的成就，他希望丽莎能够发挥出自己的学术潜能。实际上，我们知道丽莎一定会在大学取得成功，因为我们在"未来故事"（2005）中隐约看到了丽莎的命运。在这一集中，弗林克教授发明了一种设备，可以使人们看到未来。丽莎看到自己将会提前两年毕业，并获得耶鲁奖学金。弗林克的设备还表明，几十年以后，女性将会主导科学和数学，因此一些学科获得了更为恰当的名字。我们可以看到丽莎在女性代数和女性化学之间做出选择的场景。

"未来故事"明显具有支持女性研究数学和科学的意味，这在很大程度上来自脚本编写过程中出现的一则新闻。2005年1月，哈佛大学校长劳伦斯·萨默斯（Lawrence Summers）在一场名为"科学和工程劳动力多样化"的会议上发表了一些具有争议性的言论。萨默斯从理论上解释了女性在学术界比例不高的原因，称"对于科学和工程这一特殊领域，存在一些内在能力问题，尤其是能力的偏差。此外，一些涉及社会化和持续歧视的次要因素强化了这一现象"。

萨默斯推测，男性的能力分布范围比女性更宽，这导致在科学和工程领域取得很高成就的男性较多，女性较少。不出所料，他的理论引发了极其强烈的不满，部分原因在于许多人觉得一位学术权威发表这样的言论会打击年轻女性追求数学和科学事业的积极性。这些争议促成了萨默斯第二年的辞职。

能够在"未来故事"中影射萨默斯事件，《辛普森一家》的编剧感到很高兴。不过，他们希望更加充分地探索数学和科学领域的女性问题，因此他们在第二年重拾这一主题，并在"女生只想求和"（2006）一集中对其进行了讨论。

这一集始于《到处捅刀：痒痒鼠与抓抓猫音乐剧》的演出①。在一系列无法避免的令人毛骨悚然的歌曲过后，观众开始起立鼓

---

① 这部音乐剧源自巴特和丽莎观看的动画片《痒痒鼠与抓抓猫》。痒痒鼠与抓抓猫的来源可以追溯到马特·格罗宁的童年时期，当时他在迪士尼的《101忠狗》中看到了小狗们看电视的场景。几十年后，格罗宁希望再现剧中剧的想法。

掌。导演朱莉安娜·克莱尔纳（Juliana Krellner）走上舞台鞠躬致意。站在她身旁的斯金纳校长自豪地宣布，克莱尔纳曾经是春田小学的学生：

斯 金 纳：你知道，朱莉安娜，你的成功一点也不奇怪。你在学校总是得全优。

朱莉安娜：哦，我记得我在数学上得过一两次良。

斯 金 纳：哦，这是当然的。你是女生。

［观众惊讶得目瞪口呆］

斯 金 纳：我是说，根据我的观察，男生在数学和科学这些真正的学科上表现得更好。

朱莉安娜：［面向观众］请冷静，请冷静。我相信，斯金纳校长并不是说女生具有天生的劣势。

斯 金 纳：这是，这是当然的。我只是不知道为什么女生比男生差。

于是，斯金纳成为一场仇恨运动的目标。他尽了最大的努力进行弥补，但却引发了更多的争议。最终，斯金纳被激进的进步教育家梅勒妮·阿普福特（Melanie Upfoot）所取代。阿普福特决定将春田的女生安排到一所单独的学校里，以免她们受到偏见的影响。起初，丽莎满怀期待，认为新的教育制度可以帮助女生成长。不过，事实上，阿普福特女士想要向她的女学生们传授一种既提倡女权、又具有女性特征的数学。

在阿普福特看来，教师应该以更加感性的方式向女生传授数学知识："数字使你产生了怎样的感觉？加号的味道如何？数字7是奇数，还是仅仅与其他数字不同？"丽莎对于新教师教授计算的方法感到失望，她问道，女生班什么时候能够讨论真正的数学问题。阿普福特女士回答说："问题？那是男人看待数学的方式，他们认为数学是一种需要攻克的事物——是一种需要解决的事物。"

这种对女性数学和男性数学进行区分的做法完全是虚构的。不过，它影射了最近几十年男生和女生的数学教育日益情感化的现实趋势。在老一代人之中，许多人担心今天的学生没有在解决传统问题方面得到培养，他们所学习的是一种更为简单的呵护式课程。关于数学教育史的笑话"一道数学题的进化"就是这种担心的体现：

1960 年：

一名伐木工以 100 美元卖掉了一卡车木材。他的生产成本是这个价格的 4/5。他的收益是多少？

1970 年：

一名伐木工以 100 美元卖掉了一卡车木材。他的生产成本是这个价格的 4/5，即 80 美元。他的收益是多少？

1980 年：

一名伐木工以 100 美元卖掉了一卡车木头。他的生产成本是 80 美元，收益是 20 美元。你的任务：在数字 20 的下面画线。

1990 年：

一个伐木工在美丽的森林中砍伐树木，赚到了 20 美元。你对他或她的生活方式有何感想？以小组形式讨论森林中鸟儿和松鼠的感受，然后写一篇文章。

丽莎渴望学习真正的数学，因此她溜出了教室，从男生学校的窗户向内偷看，看到了黑板上的一道传统几何题。不久，她的偷窥行为被发现了。她被送回女生学校，不得不再次学习平淡乏味的算术课程。

丽莎受够了。下午，她回到家里，让她的母亲帮助她伪装成男生，使用杰克·博伊曼（Jake Boyman）的化名，以便进入男生学校，学习他们的课程。这段故事模仿了《燕特尔》的情节。在《燕特尔》中，一个正统犹太女生剪了短发，穿上男人的衣服，以便学习《塔木德》。

遗憾的是，仅仅穿上男生的衣服是不够的。丽莎很快发现，要想被新同学接纳，她需要做出男生应该具有的表现。这与她的一切价值观背道而驰。到了最后，为了获得声名狼藉的坏家伙纳尔逊·芒茨的认可，她甚至愿意欺负班上最无辜的学生之一拉尔夫·维古姆。

为了获得正常的教育，丽莎不得不表现得像个男生一样。她厌恶这一点，但她仍然坚持着这项计划，以获得学习数学的机会，证明女生和男生一样优秀。她的决心得到了回报：丽莎不仅在学习上表现出色，而且在一次男生女生联合大会上获得了数学优秀成就奖。丽莎利用这个机会公开了自己的真实身份，并且宣布："是的，各位！整个学校最优秀的数学学生是一名女生！"

平时总是同坏小子卡尼·齐兹威克兹（Kearney Zzyzwicz）、金博·琼斯（Jimbo Jones）和纳尔逊·芒茨混在一起的多尔夫·斯达比姆（Dolph Starbeam）喊道："我们被燕特尔欺骗了！"

巴特也站起来宣布："丽莎之所以能够赢得这个奖项，完全是因为她学会了像男生一样思考；我把她转变成了一个打嗝、放屁、欺负人的数学机器。"

当这集动画接近高潮时，丽莎再次开了口："我的确取得了更好的数学成绩，但我为此放弃了我的一切信仰。我想，我们在数学和科学领域无法看到更多女性的真正原因是……"

就在这时，学校的音乐老师打断了她的话，以便让马丁·普林斯演奏长笛。于是，编剧巧妙地回避了正面讨论这个争议性问题的责任。

当我见到编剧马特·塞尔曼和杰夫·韦斯特布鲁克时，他们回忆说，他们几乎无法为这集动画设计出一个令人满意的结局，因为他们很难解释女性在数学和科学的许多领域仍然比例不高的原因。他们不想给出一个过于简单或者带有文字游戏性质的结论。他们也不想遇到塞尔曼所说的"斯金纳那样的麻烦"。

···

"女生只想求和"的故事情节不仅来自《燕特尔》的剧情，而且来自法国著名数学家索菲·热尔曼（Sophie Germain）的生活。令人难以置信的是，热尔曼对抗性别歧视的斗争比丽莎和燕特尔的虚构经历还要奇特。

1776 年，热尔曼出生于巴黎。当她偶然读到让－艾蒂安·蒙蒂克拉（Jean-Étienne Montucla）的《数学史》时，她开始迷上了数学。特别是，她被蒙蒂克拉笔下阿基米德不同寻常的人生和悲剧性死亡打动了。传说罗马军队在公元前212年入侵叙拉古时，阿基米德正忙着在沙土上画几何图形。实际上，由于过于专注于分析沙土上几何图形的数学性质，他没有理睬一名走过来向他问话的罗马士兵。士兵被这种明显的无礼激怒了，他举枪刺死了阿基米德。热尔曼觉得这个故事非常令人鼓舞；如果数学可以让一个人痴迷到忽视生命威胁的程度，那么它一定是最迷人的学科。

于是，热尔曼开始整天学习数学，有时甚至学到深夜。根据一个家族朋友的说法，她的父亲没收了她的蜡烛，以免她在应该睡觉的时候学习。后来，索菲的父母让步了。实际上，在接受了她终身不嫁、将人生奉献给数学和科学的决定之后，他们为她介绍了一些导师，并在经济上为她提供支持。

28岁那年，热尔曼决定进入刚刚成立的巴黎综合理工学院。她遇到了一个障碍：这所很有声望的学院只招收男学生。不过，她想办法绕过了这个障碍，因为她听说这所学院公开发布讲义，甚至鼓励外部人员提交关于讲义的评论。这种慷慨的做法是为绅士们准备的。因此，热尔曼使用了"勒布朗先生"（Monsieur LeBlanc）的男性假名。她凭借这个假名获得了讲义，开始向一位导师提交富于洞见的评论。

和丽莎·辛普森一样，为了学习数学，热尔曼也使用了男性身份。因此，当多尔夫·斯达比姆宣布"我们被燕特尔欺骗了！"时，更恰当的说法应该是"我们被热尔曼欺骗了！"

热尔曼把她的评论寄给了约瑟夫－路易·拉格朗日（Joseph-Louis Lagrange）。拉格朗日不仅是巴黎综合理工学院的职员，也是世界上最受尊重的数学家之一。他被勒布朗先生的才华打动，要求见见这位不同寻常的新学生。于是，热尔曼不得不承认自己的欺骗行为。她担心拉格朗日对她发火。不过，当拉格朗日发现勒布朗先生是一位小姐时，他感到了惊喜。他向热尔曼送出了祝福，希望她继续自己的学业。

现在，她可以用女性数学家的身份在巴黎积累名声了。不过，在给没有见过面、可能不会认真对待女性的数学家写信时，她偶尔也会使用男性身份。最值得一提的是，她以勒布朗先生的名义与德国天才数学家卡尔·弗里德里希·高斯（Carl Friedrich Gauss）通信。高斯所写的《算术研究》一书是一千多年来最重要、覆盖范围最广的数学专著。高斯承认了这位新笔友的才华——"能够在算术领域拥有像你这样有能力的朋友，我感到很高兴"——不过，他并不知道勒布朗先生其实是一位女性。

当拿破仑的法国军队1806年入侵普鲁士时，高斯才知道她的真实身份。热尔曼担心高斯可能会像阿基米德一样成为军事侵略的牺牲品，因此她向指挥前进中的部队的家族朋友约瑟夫-玛丽·贝内蒂将军（General Joseph-Marie Pernety）发出了一条消息。贝内蒂果然保证了高斯的安全。他向这位数学家解释说，热尔曼小姐是他的救命恩人。当高斯意识到热尔曼和勒布朗是一个人时，他写道：

> 看到我所尊敬的通信对象勒布朗先生变成这样一个杰出人物，成为令我如此难以置信的优秀例证，我的赞赏和震惊是无法向你形容的。人们对于一般的抽象科学、尤其是对于数字奥秘的喜爱是极其罕见的，但这并不令人吃惊。只有勇于深入钻研的人才能感受到这门顶级科学的迷人魅

力。根据我们的习俗和偏见，同男性相比，要想熟悉这些
棘手的研究，女性一定会遇到数不胜数的困难。如果一名
女性能够成功克服这些障碍，理解最深奥的部分，那么她
一定拥有极为高贵的勇气、不同寻常的天赋和出类拔萃的
才能。

在纯数学方面，热尔曼最有名的贡献与费马大定理有关。虽
然她未能做出完整的证明，但她取得了比其他同辈人更多的进展。
为此，法兰西学院向她颁发了一枚奖章。

她还研究了质数，即只能被1和它本身整除的数。质数可以
分为不同的类别，有一类质数就是用热尔曼的名字命名的。如果
p 是质数，$2p+1$ 也是质数，那么 p 就是热尔曼质数。例如，7不
是热尔曼质数，因为 $2\times7+1=15$，而15不是质数。11则是热尔曼
质数，因为 $2\times11+1=23$，而23也是质数。

对学术界而言，对于质数的研究几乎总是非常重要的，因
为从本质上说，质数是数学的基础结构。所有分子都是由原子组
成的；类似地，所有自然数要么是质数，要么是质数的乘积。既
然质数是一切数字的核心，那么它出现在2006年《辛普森一家》
中也就不足为奇了。这也是下一章的主题。

测试二

中学试卷

笑话 1 问：世界上有哪 10 种人？　　　　　　　　　　1 分

答：理解二进制的人和不理解二进制的人。

笑话 2 问：农民喜欢哪些三角函数？　　　　　　　　1 分

答：猪和奶牛猪（Swine and Cowswine）。

笑话 3 问：证明每匹马拥有无数条腿。　　　　　　　2 分

答：使用恐吓证明法：马有偶数条腿。马的后
面有两条腿，前面有前腿。因此，马共有六条腿。
对于马腿来说，这是一个奇怪的数字。既是奇
数又是偶数的数字只能是无穷大，因此，马拥
有无数条腿。

笑话 4 问：如果向数学家询问他的宠物鹦鹉是怎么死　2 分
的，他会怎样回答呢？

答：多项式（Polinomial）。多边形（Polygon）。

笑话 5 问：当你对大象和香蕉进行杂交时，你会得到　3 分
什么？

答：|大象|×|香蕉|×sin θ

笑话 6　问：当你对蚊子和登山者进行杂交时，你会得　3 分
　　　　到什么？

　　　　答：向量和标量无法做叉积。

笑话 7　一天，耶稣对门徒说："天国就像 $2x^2 + 5x - 6$。"　2 分
　　　　多马露出困惑的表情，问彼得："老师说的是
　　　　什么意思？"

　　　　彼得回答说："不用担心——这只是他的另一
　　　　个比喻而已。"

笑话 8　问：一张比萨饼的厚度为 a，半径为 z，它的体　3 分
　　　　积是多少？

　　　　答：pi.z.z.a

笑话 9　在白宫的一次安全会议上，国防部长唐纳德·拉　3 分
　　　　姆斯菲尔德讲述了一个不幸的消息："总统先生，
　　　　三名巴西士兵昨天在支援美国军队时遇难。"

　　　　"天哪！"乔治·W. 布什总统尖叫道。他用双手
　　　　捂住了脸。这种震惊和沉默的状态持续了一分
　　　　钟。最后，他抬起头，深吸了一口气，问拉姆
　　　　斯菲尔德："一巴西（brazillion）①是多少？"

总分 – 20 分

---

① 布什把 brazilian 听成是 brazillion，以为是类似 million, billion, trillion 这样数量
级的一个单词，所以他问一个 brazillion 数量级究竟是多大的单位。

第 8 章

黄金时段节目

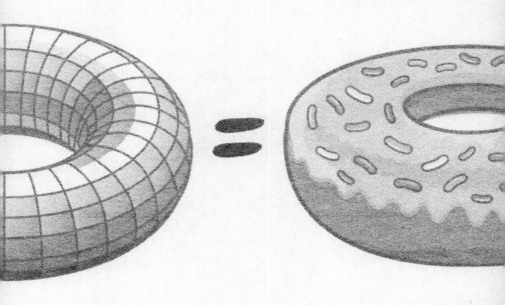

"马芝和荷马导演夫妇戏剧"（2006）的故事情节围绕着春田同位素队的棒球明星巴克·全垒打之王·米切尔（Buck "Home Run King" Mitchell）展开。当米切尔和妻子塔比瑟·维克斯（Tabitha Vixx）遇到婚姻问题时，米切尔在球场上的表现受到了影响，因此他们向荷马和马芝寻求关于婚姻关系的建议。经过各种复杂曲折的情节，故事在春田体育场达到了高潮。塔比瑟劫持了琼博视野电视台的摄像机，向全体观众公开宣布了她对巴克的爱。

　　这一集使用了歌手和演员曼蒂·摩尔（Mandy Moore）的声音，提到了 J. D. 塞林格①，并且致敬了米开朗琪罗（Michelangelo）的《圣母怜子像》。不过，最令数学观众激动的是一个非常特别的质数的出现。在介绍这个质数的具体信息以及它被加入这一集的原因之前，让我们回过头来认识一下为这个质数的出镜提供灵感的两位数学家，即阿巴拉契亚州立大学的莎拉·格林沃尔德教授（Professor Sarah Greenwald）和圣莫尼卡大学的安德鲁·内斯特勒教授（Professor Andrew Nestler）。

---

① 《麦田里的守望者》作者。——译者注

格林沃尔德和内斯特勒对《辛普森一家》的兴趣可以追溯到1991年,当时他们在宾夕法尼亚大学数学系首次相遇并成了朋友。两个人都刚开始攻读博士学位,他们每个星期都会和其他研究生聚在一起观看《辛普森一家》并共进晚餐。内斯特勒现在仍然清晰记得这部动画片吸引他们的地方:"编剧创造出了两个反复出现的书呆子角色:科学家弗林克教授和天资聪慧的小学生马丁·普林斯。他们身边还有一个同样非常聪明和好奇的主要人物丽莎·辛普森。由于有了这些人物,这部动画片很受知识分子的喜爱,因为他们可以在某种程度上取笑自己。"

不久,格林沃尔德和内斯特勒开始注意到《辛普森一家》中提到的各种数学内容。他们不仅喜欢关于高等数学的笑话,而且被那些与数学教育有关的场景逗得咯咯直笑。内斯特勒记得自己当时特别喜欢"小维基"(1998)中埃德娜·克拉巴佩尔(Edna Krabappel)的一句台词。当时,作为春田最严厉的老师,克拉巴佩尔转身面向她的学生,问道:"谁可以用计算器告诉我七乘以八等于多少?"

过了一段时间,由于他们看到了非常多的数学笑话,因此内斯特勒决定创建一个数据库,收集可能会使数学家感兴趣的镜头。在内斯特勒看来,这种做法非常自然:"我天生就是一个收藏家,喜欢为事物归类。我在小时候收集过商业名片。我的主要爱好是收集麦当娜的唱片,我收集了超过2,300张麦当娜的唱片。"

几年后，当他们取得博士学位并开始任教时，格林沃尔德和内斯特勒开始将《辛普森一家》的场景使用到自己的讲座中。以代数数论作为博士论文题目的内斯特勒将这部动画喜剧中的素材运用到了微积分、预备微积分、线性代数和有限数学等课程中。

相比之下，格林沃尔德的研究兴趣一直是轨形，那是几何学中一个独特的分支。因此，她往往会在《数学1010》课程（文科数学）中加入《辛普森一家》中的几何笑话。例如，她讨论过"伟大的荷马"（1995）片头的沙发笑话。在每一集片头的结尾，辛普森一家人都会聚集到沙发上看电视，这总会导致一段视觉幽默。在这一集的沙发笑话中，荷马和他的家人探索了三个以相互垂直的方式将重力作用于对方的楼梯。这个悖论式桥段致敬了20世纪荷兰艺术家M. C.艾舍尔（M. C. Escher）的著名石版画《相对性》。艾舍尔喜欢数学，尤其是几何。

几年以后，格林沃尔德和内斯特勒将《辛普森一家》的内容融入数学课程中的奇特教学方法引起了一些当地媒体的关注。因此，国家公共广播电台的《科学星期五》节目对他们进行了采访。当《辛普森一家》的一些编剧收听到这期节目时，他们吃惊地发现，他们在圈内流传的书呆子笑话已经成了大学数学课程的基础。他们希望与两位教授见面，感谢二人对数学和《辛普森一家》所做的宣传工作。于是，编剧们邀请格林沃尔德和内斯特勒参加了即将播出的一集动画片的剧本朗读会，这一集正是"马芝和荷马导演夫妇戏剧"。

2005年8月25日，格林沃尔德和内斯特勒在剧本朗读会上听到了巴克·米切尔和塔比瑟·维克斯之间的曲折故事。当两位教授坐在那里欣赏故事时，编剧们密切关注了每一句台词，倾听了关于哪些包袱应该改进、哪些包袱应该舍弃的建议。当天晚些时候，在两位教授回家以后，编剧们开始交换意见，对脚本进行微调。会议桌上的所有人都认为这一集很精彩，但它有一个明显的缺陷——整集动画中没有任何数学元素！

他们之所以邀请格林沃尔德和内斯特勒参加剧本朗读会，是因为两位教授非常喜欢《辛普森一家》的数学元素，但是他们向两位教授展示的这一集动画片却没有为他们提供任何新的教学素材，这似乎显得很无礼。编剧们开始逐个场景重新检查脚本，寻找适合插入数学元素的场景。最终，一位编剧发现，这一集的高潮部分完全可以插入一些有趣的数字。

就在塔比瑟通过琼博视野的电视屏幕发出爱情宣言之前，屏幕上显示了一个问题，要求大家猜测现场观众的人数。这是一道选择题。在剧本朗读会的脚本中，屏幕上的数字是随意选择的。现在，编剧们开始将其替换成拥有趣味性和独特性的数字。当这项任务完成时，杰夫·韦斯特布鲁克向莎拉·格林沃尔德发出了电子邮件："你们的到来很有帮助，因为你们让我们燃起了一丝热情。今天，为了纪念你们的到来，我们添加了一些比较有趣的数字。"

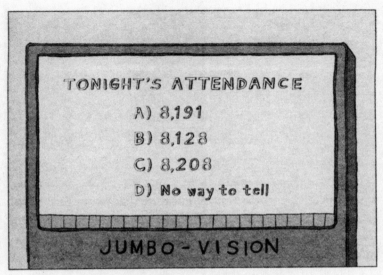

"马芝和荷马导演夫妇戏剧"中的琼博视野电视屏幕。

乍一看，琼博视野电视屏幕上的三个数字似乎是随机选择的，没有任何特别之处。不过，拥有数学头脑的人很快就会发现，这里面的每个数字都是不同寻常的。

第一个数8,191是一个质数。实际上，它属于一类特别的质数，即梅森质数。马林·梅森（Marin Mersenne）在1611年加入了巴黎米尼姆修士会，从此一边敬拜上帝，一边研究数学。他对于具有2^p-1形式的数特别感兴趣，其中p为任何质数。下表显示了将20以内的所有质数代入公式2^p-1得到的结果。

质数（p）	2^p-1		质数？
2	$2^2-1=$	3	✓
3	$2^3-1=$	7	✓
5	$2^5-1=$	31	✓
7	$2^7-1=$	127	✓
11	$2^{11}-1=$	2,047	×
13	$2^{13}-1=$	8,191	✓
17	$2^{17}-1=$	131,071	✓
19	$2^{19}-1=$	524,287	✓

这个表格有一个令人吃惊的特征，那就是 2^p-1 似乎可以生成"质数嫌疑犯"，即可能是质数的数。实际上，右边一列只有 2,047 不是质数，因为 $2,047=23×89$。换句话说，2^p-1 这个菜谱可以用质数作为原料生成新的质数；以这种方式生成的质数被称为梅森质数。例如，当 $p=13$ 时，$2^{13}-1=8,191$，这就是"马芝和荷马导演夫妇戏剧"中出现的梅森质数。

梅森质数在数字世界里很有名，因为它们可能会非常大。一些梅森质数是太级质数（超过一千个数位），一些梅森质数是吉级质数（超过一万个数位），最大的梅森质数被称为梅加质数（超过一百万个数位）。目前已知的十个最大的梅森质数也是人类已知的最大质数。最大的梅森质数（$2^{57,885,161}-1$）发现于 2013 年 1 月，拥有超过一千七百万个数位。[①]

体育场大屏幕上的第二个数是 8,128，它是一个完全数。一个数的完全性取决于它的因数，即可以将它整除的数。例如，10 的因数是 1、2、5 和 10。如果一个数的因数（除了它本身）之和等于它本身，那么这个数就是完全数。最小的完全数是 6，因为 6 的因数是 1、2 和 3，而 1+2+3=6。第二个完全数是 28，因为 28 的因数是 1、2、4、7 和 14，而 1+2+4+7+14=28。第三个完全数是 496。第四个完全数是 8,128，它出现在了"马芝和荷马导演夫妇戏剧"中。

早在古希腊时期，人们已经知道了这四个完全数。不过，直到一千多年以后，数学家们才发现接下来的三个完全数。33,550,336 发现于 1460 年左右，8,589,869,056 和 137,438,691,328 发现于 1588 年。正如 17 世纪法国数学家勒内·笛卡尔（René Descartes）所说，"完全数和完人都很少见。"

由于完全数非常稀少，因此人们很容易认为完全数的个数是有限的。不过，到目前为止，数学家还无法证明这一点。此外，目前人类发现的所有完全数都是偶数，因此未来发现的完全数可能也都是偶数。还是那句话，到目前为止，没有人能够证明

---

① 有一个大众参与项目，叫作"梅森质数互联网大搜索"，用于寻找更大的梅森质数。这个项目允许参与者下载免费软件，并在家用计算机空闲时运行这个软件。每一台机器可以对它所分配到的一批数字进行筛选，以寻找可以打破纪录的质数。参与这个项目，你也可能会幸运地成为下一个最大梅森质数的发现者。

这一点。

虽然存在这些知识空白，但我们对于完全数还是有所了解的。例如，人们已经证明，偶完全数（奇完全数可能并不存在）也是三角数：

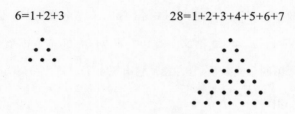

6=1+2+3　　　　　　　28=1+2+3+4+5+6+7

我们还知道，偶完全数（除了6）都可以表示成一系列连续奇数的立方和：

$$28=1^3+3^3$$
$$496=1^3+3^3+5^3+7^3$$
$$8,128=1^3+3^3+5^3+7^3+9^3+11^3+13^3+15^3$$

最后，我们还知道一件重要的事情：偶完全数与梅森质数之间存在紧密的联系。实际上，数学家已经证明，偶完全数和梅森质数的个数是相等的，每个梅森质数都可以用来生成一个完全数。由于我们只知道48个梅森质数，因此我们也只知道48个完全数。

体育场大屏幕上出现的第三个数8,208是一个水仙花数，这意味着它的每个数位的"该数数位个数次幂"之和等于它本身：

$$8,208=8^4+2^4+0^4+8^4=4,096+16+0+4,096$$

这个数之所以被称为水仙花数，是因为它可以由自己的数位生成。这个数似乎喜欢自己，甚至爱上了自己。

水仙花数还有很多，比如 153，它等于 $1^3+5^3+3^3$。不过，人们已经证明，水仙花数的个数是有限的。实际上，数学家已经知道，水仙花数只有 88 个，其中最大的是 115,132,219,018,763,992,565, 095,597,973,971,522,401。

不过，如果放松限制，我们也可以生成自由水仙花数，即可以由自己的数位以任意方式生成的数。下面是自由水仙花数的一些例子：

$$6,859=(6+8+5)^{\sqrt{9}}$$
$$24,739=2^4+7!+3^9$$
$$23,328=2\times3^{3!}\times2\times8$$

因此，由于格林沃尔德和内斯特勒的拜访，"马芝和荷马导演夫妇戏剧"中出现了一个梅森质数、一个完全数和一个水仙花数。多年以来，《辛普森一家》影响了教授们的授课方式。现在，情况出现了逆转，教授们对《辛普森一家》产生了影响。

　　不过，为什么编剧选择在琼博视野电视屏幕上显示这几类数字呢？毕竟，有趣的数字有几百种，任何一种数字都可以出现在动画片中，比如吸血鬼数。吸血鬼数的数位可以拆开并重新排列成两个新的数，又叫尖牙数，这两个数的乘积恰好等于吸血鬼数。136,948 是吸血鬼数，因为 136,948=146×938。一个更好的例子是 16,758,243,290,880。这个数的蝙蝠和吸血鬼性质尤其强烈，因为它可以分解成四组不同的尖牙数：

$$16,758,243,290,880 = 1,982,736 \times 8,452,080$$
$$= 2,123,856 \times 7,890,480$$
$$= 2,751,840 \times 6,089,832$$
$$2,817,360 \times 5,948,208$$

　　另外，如果编剧希望展示极为特殊的数字，他们还可以选择卓越数。卓越数只有两个，因为它们需要满足两个与完全数有关的极为严格的限制条件。首先，卓越数的因子数量必须是完全数。其次，这些因数之和必须是完全数。第一个卓越数是 12，因为它的因数是 1、2、3、4、6 和 12。因数的个数是 6，因数之和是 28，6 和 28 都是完全数。另一个仅有的卓越数是 6,086,555,670,238,378,989,670,371,734,243,169,622,657,830,773,351,885,970,528,324,860,512,791,691,264。

根据编剧的说法，他们之所以选择在"马芝和荷马导演夫妇戏剧"中使用梅森质数（the Mersenne prime）、完全数（perfect）和水仙花数（narcissistic），仅仅是因为这些数中存在与观众实际数量比较接近的选项。此外，它们是编剧们首先想到的数。这些数的引入是编剧在最后时刻对脚本的变更，因此他们没有太多时间详细考虑他们所选择的数。

不过，事后来看，我认为编剧选择的数字很恰当，因为当塔比瑟·维克斯出现时，这些数字仍然显示在琼博视野的屏幕上，而且每个数字似乎都是对维克斯女士的恰当描述。作为《辛普森一家》中出现过的最有魅力的人物之一，塔比瑟认为自己是完美的（perfect），处于最好的年纪（prime）。她还是一个自恋者（narcissist），这并不出人意料。实际上，在这一集的开头，她穿得很少，并在崇拜她丈夫的棒球迷面前跳起了具有挑逗性的舞蹈。因此，在体育场大屏幕上加入一个自由水仙花数①也许更为恰当。

・ ・ ・

格林沃尔德和内斯特勒的做法也许很特别，但在数学讲座上讨论《辛普森一家》并不是他们的专利。佐治亚理工学院的乔尔·索科尔（Joel Sokol）发表过一篇题为《针对对手做出决策：

---

① "自由水仙花数"的原文还可以表示"非常疯狂的自恋数"。——译者注

数学优化的应用》的演讲，他在幻灯片中描述了《辛普森一家》中的"石头－布－剪子"（RPS）游戏。这次讲座的中心内容是博弈论，即为参与者在冲突和合作情形中的行为建模的数学分支。从多米诺骨牌到战争，从动物利他行为到工会谈判，几乎任何事情都可以用到博弈论。类似地，对数学具有强烈兴趣的宾夕法尼亚州立大学经济学家德克·马蒂尔（Dirk Mateer）向学生讲授博弈论时也用到了《辛普森一家》中与"石头－布－剪子"游戏有关的场景。

"石头－布－剪子"似乎是一种无聊的游戏，所以你可能觉得数学家不会对它产生任何兴趣。不过，在博弈理论家手中，"石头－布－剪子"成了两个竞争者比拼智慧的复杂斗争。实际上，这个游戏之中隐藏着许多微妙的数学道理。

在讲述这些数学道理之前，让我简单介绍一下游戏规则。游戏在两个玩家之间进行，规则很简单。两个玩家共同数出"1……2……3……走！"然后以三种方式把手伸出来：石头（紧握拳头），布（手指伸开，露出手掌），或者剪子（食指和中指组成V字形）。胜负取决于一种"循环等级"：石头可以使剪子变钝（石头获胜），剪子可以剪布（剪子获胜），布可以盖住石头（布获胜）。如果双方的武器相同，那么这一轮就是平局。

千百年来，从印度尼西亚人的"大象－人－蠼螋"，到科幻迷的"不明飞行物－微生物－奶牛"，不同文化之中出现了不同版本的猜拳游戏。在后一种版本中，不明飞行物可以解剖奶牛，奶牛可以吃掉微生物，微生物可以感染不明飞行物。

虽然不同文化的武器不尽相同，但游戏规则基本是一样的。根据这些规则，我们可以使用博弈论的逻辑确定最佳游戏策略。"前面"（1993）一集说明了这一点。在这集动画中，巴特和丽莎共同完成了《痒痒鼠和抓抓猫》的脚本，他们通过猜拳游戏来决定谁的署名排在前面。从丽莎的角度看，在游戏中，她的最佳策略取决于一系列因素，比如丽莎是否知道她的对手是新人还是老手，她的对手对她的了解如何，她的目标是获胜还是避免失败。

如果丽莎的对手是世界冠军，那么她可以采用随机出拳策略，因为就连世界冠军也无法预测她会出石头、布还是剪子。这样一来，丽莎胜利、失败和取得平局的可能性是相同的。不过，丽莎的对手是她的哥哥，不是世界冠军。因此，她采取了不同的策略。根据她的经验，巴特特别喜欢出石头。因此，她决定出布，以击败他可能出的石头。果然，她的计划成功了，她取得了胜利。巴特的不良习惯与世界猜拳协会的研究结果是一致的：总体而言，人们最喜欢出石头，尤其是男生。

当总部位于日本的万视宝电工电子公司在2005年对其艺术品收藏进行拍卖时，这种博弈论方法发挥了重要作用。这是一份数百万美元的合同。为了在苏富比和佳士得之间选择一个签约对象，万视宝电工要求两家拍卖行通过猜拳决定胜负。佳士得印象主义艺术和现代艺术部门国际主任尼古拉斯·麦克莱恩（Nicholas Maclean）非常重视此事，因此他向十一岁的双胞胎女儿寻求建议。两个女儿的经历与世界猜拳协会的调查结果不谋而合，她们认为石头最为常见。她们还指出，高级玩家知道这一现象，因此他们会出布。麦克莱恩预感到苏富比会采取这种高级策略，因此他建议他在佳士得的老板采取更加高级的策略：出剪子。苏富比的确出了布，佳士得取得了胜利。

如果添加更多选项对猜拳游戏进行改进，我们可以接触到另一个层次的数学知识。首先，我们必须强调，任何新的猜拳版本应该拥有奇数个选项（N）。只有这样，游戏才能保持平衡，即每个选项可以管住其他$(N-1)/2$个选项，并被另外$(N-1)/2$个选项管住。因此，猜拳游戏没有四选项版本。不过，有一个五选项版本，叫作"石头–布–剪子–蜥蜴–斯波克"。这个版本是由计算机程序员山姆·卡斯（Sam Kass）发明的。宅文化情景喜剧《生活大爆炸》在"蜥蜴–斯波克拓展"（2008）一集中提到这个版本，使它受到了公众的关注。下页的示意图为"石头–布–剪子–蜥蜴–斯波克"的循环等级和手势。

随着选项数量的增长，平局的概率$1/N$将会下降。因此，"石头–布–剪子"的平局概率是1/3，"石头–布–剪子–蜥蜴–斯波克"的概率是1/5。如果你希望将平局的风险降至最低，那么你可以使用目前选项数量最多、最好的猜拳版本：RPS–101。这个版本

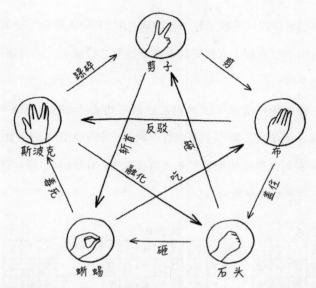

是由动画制作者戴维·洛夫莱斯（David Lovelace）设计的，它定义了101种手势以及5,050个可以分出胜负的结果。例如，流沙可以吞没秃鹫，秃鹫可以吃掉公主，公主可以制服龙，龙可以烧坏机器人，等等。平局的概率是1/101，不到1%。

猜拳研究最吸引人的数学成果就是非传递性骰子的发明。这种骰子迅速引起了人们的好奇，因为每个骰子上拥有不同的数字组合：

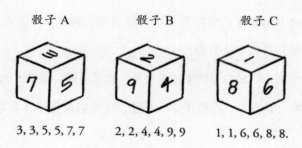

骰子 A 　　　　　骰子 B 　　　　　骰子 C

3, 3, 5, 5, 7, 7 　　2, 2, 4, 4, 9, 9 　　1, 1, 6, 6, 8, 8.

我们可以用这些骰子玩一种游戏，方法是每人选择一个骰子，然后投出一个点数。点数高的人就是胜利者。那么，你应该选择哪个骰子呢？

下面的表格显示了三种可能的骰子组合（A对B）（B对C）（C对A）的结果。第一个表格告诉我们，骰子A优于骰子B，因为在36种可能的结果中，骰子A可以取得20种胜利。换句话说，骰子A的平均胜率是56%。

骰子 A

	3	3	5	5	7	7
2	A	A	A	A	A	A
2	A	A	A	A	A	A
4	B	B	A	A	A	A
4	B	B	A	A	A	A
9	B	B	B	B	B	B
9	B	B	B	B	B	B

（左侧纵列标注：骰子 B）

骰子 B

	2	2	4	4	9	9
1	B	B	B	B	B	B
1	B	B	B	B	B	B
6	C	C	C	C	B	B
6	C	C	C	C	B	B
8	C	C	C	C	B	B
8	C	C	C	C	B	B

（左侧纵列标注：骰子 C）

骰子 C

	1	1	6	6	8	8
3	A	A	C	C	C	C
3	A	A	C	C	C	C
5	A	A	C	C	C	C
5	A	A	C	C	C	C
7	A	A	A	A	C	C
7	A	A	A	A	C	C

（左侧纵列标注：骰子 A）

每个表格显示了两个骰子进行对决时所有可能出现的结果。第一个表格是骰子A与骰子B的对决。你可以看到，左上角一格标着A，涂着浅灰色，因为当A投出3、B投出2时，A将会取得胜利。右下角一格标着B，涂着深灰色，因为当B投出9、A投出7时，B将会取得胜利。将所有组合考虑在内，骰子A对骰子B的平均胜率是56%。

骰子B对骰子C呢？第二个表格说明，骰子B优于骰子C，因为它的获胜概率是56%。

在生活中，我们习惯于传递关系。也就是说，如果A优于B，B优于C，那么A一定优于C。不过，当我们用骰子A和骰子C

进行对决时，我们发现骰子 C 优于骰子 A，因为正像第三个表格显示的，骰子 C 的获胜概率是 56%。这就是这些骰子被称为非传递性骰子的原因——和猜拳游戏中的武器一样，它们并不服从正常的传递性。正像前面提到的，猜拳游戏的规则是一种非常规的循环等级，不是自上而下的简单等级。

非传递关系古怪而不符合常识，这很可能是它吸引数学家的原因。《辛普森一家》的编剧、大学教授……甚至世界上最成功的投资者沃伦·巴菲特（Warren Buffett）都对这种关系产生了兴趣。巴菲特的净资产接近 5,000 亿美元。在伍德罗·威尔逊高中 1947 年的年鉴上，巴菲特的照片旁边配有敏锐的文字说明："喜欢数学；未来的股票经纪人。"

据说，巴菲特对非传递现象非常着迷，他有时会向人们提出掷骰子挑战。他在不做任何解释的情况下向对手出示三个非传递性骰子，让对方首先进行选择。对方觉得这是一种有利条件，因为他似乎有机会选择"最好的"骰子。当然，最好的骰子并不存在。巴菲特故意让对方先做选择。不论对方选择哪个骰子，他都会选择优于对方的骰子，以便使自己获得优势。巴菲特不能保证自己一定获胜，但他在概率上处于非常有利的地位。

当巴菲特在微软创始人比尔·盖茨（Bill Gates）面前使用这种把戏时，盖茨立即产生了怀疑。他花了一些时间对骰子进行了研究，然后很有礼貌地让巴菲特首先进行选择。

第 9 章

超越无穷

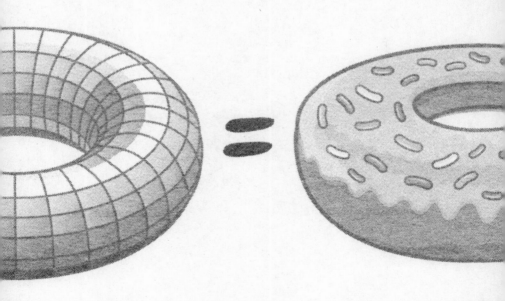

"死亡推杆协会"（1990）讲述了一场迷你高尔夫比赛的故事。比赛在巴特·辛普森和邻居内德·佛兰德斯的儿子托德·佛兰德斯之间展开。这是一场非常重要的对决，因为失败者的父亲面临着可怕的命运：他需要穿着妻子的服装修剪胜利者的草坪。

　　在两位父亲之间的一次紧张对话中，荷马和内德提到了无穷，以强化自己的观点：

　　荷马：明天这个时候，你就会穿上高跟鞋！

　　内德：不，那个人是你。

　　荷马：恐怕不是这样。

　　内德：恐怕是这样！

　　荷马：恐怕不是这样。

　　内德：恐怕是这样！

　　荷马：恐怕不是这样，重复无穷次！

　　内德：恐怕是这样，重复无穷加一次！

　　荷马：哦！

　　我曾问过这段对话是由哪位编剧设计的，但是大家都不记得了。这并不奇怪，因为这段脚本是在20多年前写成的。不过，大家普遍认为，荷马和内德的这段小争执完全有可能使编剧过程偏离正轨，因为它会引发关于无穷性质的辩论。那么，无穷加一比无穷大吗？这种说法可以得到证明吗？

　　为了回答这些问题，编剧团队中的数学家一定提到了格奥尔格·康托（Georg Cantor）的名字。1845年，康托出生于俄国圣彼得堡。他是第一位真正对无穷的含义进行研究的数学家。不过，他的解释总是非常深奥复杂，因此他的研究结果是由德国著名数学家戴维·希尔伯特（David Hilbert, 1862—1943）传达给大家的。希尔伯特善于通过类比以更能令人接受的方式解释康托关于无穷的思想。

　　希尔伯特关于无穷最著名的解释之一涉及希尔伯特酒店——这是一座非常豪华的虚拟酒店，拥有无数个房间，每个房间的门上标有1，2，3等数字。在一个非常繁忙的夜晚，所有房间都住进了客人。这时，一位没有事先预约的新客人来到了酒店。幸运的是，酒店主人希尔伯特博士拥有一个解决办法。他让酒店里的所有客人从当前的房间搬到下一个房间。于是，1号房间的客人搬到了2号房间，2号房间的客人搬到了3号房间，依此类推。这样一来，每个人仍然拥有自己的房间，但1号房间空了出来，可以供新来的客人入住。这个场景意味着无穷加一等于无穷（这一结论可以得到更加严密的证明）。这个结果看似荒谬，但却是无法否认的。

也就是说，当内德·佛兰德斯认为自己的无穷加一可以胜过荷马的无穷时，他的想法是错误的。实际上，即使内德把条件换成"无穷加无穷"，他的结论也是错误的。这一点可以用另一个关于希尔伯特酒店的比喻来证明。

酒店再次客满。这时，一辆无穷大的公共汽车来到了酒店。汽车司机问希尔伯特博士，酒店能否容纳他的无穷个乘客？希尔伯特毫不担心。他让目前的所有房客搬到另一个房间，这个房间的房间号必须是之前房间号的两倍。因此，1号房间的客人搬到了2号房间，2号房间的客人搬到了4号房间，依此类推。于是，现有的无穷个客人只住在偶数号房间里，数量同样多的奇数号房间空了出来。这样一来，酒店就可以为公共汽车上的无穷个乘客提供房间了。

这个结论看上去仍然很荒谬。你甚至可能怀疑这是胡说八道，是象牙塔空想家的又一杰作。不过，这些关于无穷的结论并不完全是诡辩，它们是数学家在坚实的基础上通过严格和严密的推理得到的。实际上，任何数学概念都是如此。

有一个段子很好地说明了这一点。一位大学副校长向物理系主任抱怨道："为什么物理学家总是需要花费那么多的资金建设实验室和购买设备呢？为什么你们不能向数学系学习呢？数学家只需要购买铅笔、白纸和废纸篓。或者，为什么你们不能向哲学系学习呢？他们更省钱，因为他们只需要纸和笔。"

这个段子讽刺了哲学家，说他们缺乏数学家的严谨。数学是对真理的仔细研究，因为每一种新的说法都会受到无情的检验，然后被纳入到现有知识框架之中，或者被丢进废纸篓。数学概念有时抽象而深奥，但它们仍然需要接受严格的检查。

因此，希尔伯特酒店的故事清晰表明：

$$无穷 = 无穷 + 1$$
$$无穷 = 无穷 + 无穷$$

希尔伯特的解释回避了数学语言，而康托却不得不深入探索数字的数学结构，以得到关于无穷的看似荒谬的结论。这种艰苦的脑力劳动使他付出了代价。他常常陷入重度抑郁之中，并且长时间住在疗养院里。他逐渐相信，他可以直接与上帝联系。实际上，他认为上帝帮助他形成了这些数学思想，并且相信无穷是上帝的同义词："在完全独立的超世俗存在中，在神那里，它以最为完整的形式得到了实现。在那里，我将它称为绝对无穷或绝对。"康托之所以形成这种精神状态，部分原因在于，他受到了更为保守的数学家的批评和嘲笑，这些数学家无法接受他关于无穷的激进结论。令人伤心的是，康托在1918年由于贫困和营养不良而去世。

康托死后，希尔伯特赞扬了这位同行解决无穷数学问题的尝试，他说："无穷！除你以外，没有其他问题如此深刻地触动了人类的灵魂；没有其他思想促成了如此丰富的人类智力成果；没有其他概念如此需要澄清。"

希尔伯特明确表示，在理解无穷的斗争中，他站在康托一边："没有人能够使我们远离康托为我们创造的乐园。"

. . .

《辛普森一家》的编剧团队之中不仅有前数学家，还有对数学感兴趣的科学家，比如乔尔·H.科恩（Joel H. Cohen，和戴维·S.科恩没有关系），他曾在加拿大阿尔伯塔大学学习科学。类似地，埃里克·卡普兰（Eric Kaplan）在哥伦比亚和伯克利的学习也偏重科学哲学。戴维·米尔金（David Mirkin）曾在费城德雷塞尔大学和国家航空设施实验中心学习和工作，他在加入《辛普森一家》剧组之前的计划是成为一名电气工程师。乔治·迈耶（George Meyer）是生物化学专业的毕业生，他在毕业后曾经专注于数学，希望发明一种简单的赛狗赌博系统，尽管这一努力以失败告终。这对喜剧界是一件好事，它使迈耶远离了赛狗运动，成为洛杉矶最受尊重的喜剧作家之一。

因此，在剧本朗读会上，总是有许多人愿意讨论数学。不过，虽然《辛普森一家》的编剧们喜欢用深奥的问题作为工作消遣，但他们也意识到，在编剧会议上举办关于无穷、康托和希尔伯特酒店的研讨会是一件影响正常工作的事情。幸运的是，他们找到了一个解决方案，可以鼓励更加专业的数学讨论，而且不会打断编剧过程。这个方案就是数学俱乐部。

成立俱乐部的想法来自马特·沃伯顿（Matt Warburton）和罗妮·布鲁恩（Roni Brunn）在洛杉矶一间酒吧里的谈话。沃伯顿曾在哈佛大学学习认知神经科学，他在《辛普森一家》开播后不久加入了编剧团队，并在团队里工作了十几年。布鲁恩在大学期间编写过情景喜剧，并且做过《哈佛妙文》的编辑。不过，她在毕业后将工作重心放在了时尚和音乐领域。

"数学俱乐部之所以诞生，是因为我悲伤地意识到，我的头脑在大学毕业后变得越来越迟钝了，"布鲁恩回忆道，"我很羡慕读书俱乐部。我并不喜欢读小说，但我希望拥有一个学术对话的社交环境。一天晚上，在一间酒吧里，我对马特·沃伯顿说，社会上不应该只有读书俱乐部，还应该有数学俱乐部。他含糊地说了一句'嗯'，然后又喝起了啤酒。我们谈论了《辛普森一家》剧组中拥有数学背景的众多编剧，这足以鼓励我开始行动。"

数学俱乐部的第一条规则是，你可以谈论数学俱乐部。实际上，对于俱乐部的宣传受到了鼓励。数学俱乐部的核心成员是《辛普森一家》的编剧，但它也向教师、研究人员以及任何对数学感兴趣的洛杉矶居民开放。

2002 年 9 月，数学俱乐部在布鲁恩的公寓里召开了第一次会议。揭幕演讲的题目是"超现实数"，演讲者是 J. 斯图尔特·伯恩斯（J. Stewart Burns），他在加入《辛普森一家》之前读过数学博士。接着，伯恩斯的同事们依次在数学俱乐部发表了自己的演讲，题目包括"图论介绍"和"随机选择的概率问题"。

虽然数学俱乐部是拥有共同兴趣的朋友和同事举行的非正式聚会，但演讲者常常具有无可挑剔的学术资格。"正方形细分"的演讲者肯·基勒是《辛普森一家》最具数学天赋的编剧之一。他以最优秀的成绩毕业于哈佛大学，是该校 1983 年获得应用数学学士学位的毕业生之中最聪明的学生之一。接着，他去了斯坦福大学攻读电子工程硕士学位，随后又回到了哈佛，获得了应用数学博士学位。他的博士论文题目很时尚，叫作"地图表达与图像分割的最优编码"。接着，基勒加入了新泽西州美国电话电报公司贝尔实验室，该实验室的研究人员曾 7 次获得诺贝尔奖。在这段时期，基勒遇到了杰夫·韦斯特布鲁克。他们活跃于同一个研究领域，共同发表了论文"平面图和地图的简短编码"。[1]他们还为科幻电视剧《星际迷航：深空九号》共同编写了一段脚本，在这段脚本中，两位搞笑艺人在常规表演过程中冒犯了观众席上

---

[1] 《离散应用数学》，58，3 号（1995）；239–252 页。

的每一个外星人，引发了一场战争。

数学俱乐部的规模越来越大。有时，为了容纳所有成员，他们不得不在户外开会，用悬挂的床单充当临时投影屏幕。加州电信与信息技术研究所首席科学家罗纳德·格拉哈姆博士（Dr. Ronald Graham）以及其他著名数学家的讲座可以吸引大约一百名观众到场，这也是与会人数最多的时候。顺便提一句，众所周知，格拉哈姆与保罗·埃尔多斯合写了二十多篇论文，他也是埃尔多斯数最重要的宣传者。另一件使格拉哈姆出名的事情是格拉哈姆数，这个数在1977年创下了数学论文中使用过的最大数字纪录。为了理解这个数有多大，可以参考普朗克体积，即物理学最小的体积单位。一个氢原子可以容纳1073个普朗克体积。如果在宇宙之中写出格拉哈姆数，每个数位占据一个普朗克体积，那么整个可见宇宙的体积也不足以容纳格拉哈姆数。值得欣慰的是，我们可以写下这个数的最后十位：……2464195387。

数学俱乐部最令人难忘的演讲之一是由荷马大定理的创造者戴维·S.科恩发表的。这段演讲的特别之处在于，它解释了科恩在成为喜剧作家之前进行的研究。在从哈佛大学毕业以后，科恩在哈佛机器人实验室工作了一年，随后在加州大学伯克利分校获得了计算机科学硕士学位。在伯克利期间，科恩研究了薄饼排序问题，他在数学俱乐部上的演讲就是基于这个问题展开的。

1975年，纽约城市学院几何学家雅各布·E.古德曼（Jacob E.

Goodman）用笔名哈里·德维特（Harry Dweighter，意为匆忙的侍者）首次提出了薄饼排序问题。他写道：

> 我们这家餐厅的厨师做事很粗心，他制作出了一摞具有不同大小的薄饼，因此，当我把薄饼端给顾客时，我会在路上对薄饼进行整理。我会抓起最上面的几张薄饼，将它们翻过来，并将这个动作重复必要的次数（每次翻转的薄饼数量可以是不同的），以便使所有的饼按照从小到大的顺序从上到下排列。如果有 n 张薄饼，那么我在整理薄饼时的最大翻转次数是多少（以 n 的函数表示）？

　　换句话说，在"马芝·辛普森的扭曲世界"（1997）中，当荷马来到春田的薄饼市政厅时，如果侍者端给他 n 个打乱大小顺序的薄饼，那么在最糟糕的情形中，为了将薄饼整理成正确的大小顺序，需要翻转多少次？这个翻转次数被称为薄饼数 P_n。这里的问题是找到预测 P_n 的公式。

　　薄饼排序问题立刻引起了数学家的兴趣，原因有两点。首先，它似乎可以提供解决计算机科学问题的深刻思想，因为整理薄饼和整理数据具有相似性。其次，这是一个看似非常困难的问题，而数学家喜欢解决那些近乎不可能解决的问题。

　　一些简单的例子可以让我们对这个问题有所了解。首先，一张薄饼的薄饼数是多少？答案是零，因为一张薄饼不可能具有错误的顺序。所以，$P_1=0$。

接下来，两张薄饼的薄饼数是多少？两张薄饼的顺序要么是正确的，要么是错误的。我们很容易发现，后者是最糟糕的情形，而且我们只需要将两张薄饼翻转一次，就可以将其转变成正确的顺序。所以，$P_2=1$。

接下来，三张薄饼的薄饼数是多少？这个问题要复杂一些，因为初始排列有六种可能。恢复正确顺序的翻转次数取决于初始排列，其中最小次数是零。在最糟糕的情形中，翻转次数是3。所以，$P_3=3$。

在大多数情形中，你能够想出如何以合理的翻转次数获得正确的顺序。不过，在最糟糕的场景中，重新排序的过程并不是一目了然的，因此，下面显示了这种情形中的三次翻转。每一行表示一次翻转行为，包括铲子的插入位置和翻转后的薄饼顺序。

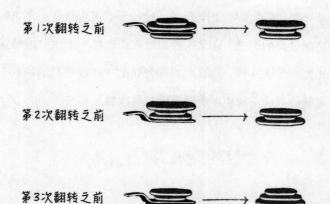

第 1 次翻转之前

第 2 次翻转之前

第 3 次翻转之前

随着薄饼数量的增长，问题变得越来越复杂，因为可能的初始排列越来越多，可能的翻转过程也越来越多。更糟糕的是，薄饼数（P_n）的序列似乎没有任何规律。下面是前 19 个薄饼数：

n	1	2	3	4	5	6	7	8	9	10
P	0	1	3	4	5	7	8	9	10	11

n	11	12	13	14	15	16	17	18	19	20
P	13	14	15	16	17	18	19	20	22	?

考虑所有薄饼排列和可能的翻转策略是一件非常困难的事情，就连极为强大的计算机也还没有算出第 20 个薄饼数。而且，在三十多年时间里，没有人能够找到一种巧妙预测薄饼数的公式，从而绕过依靠蛮力计算来解决问题的方法。到目前为止，仅有的

突破就是寻找薄饼数的上下限公式。1979年，有人证明，薄饼数
最大不会超过(5n+5)/3。这意味着如果我们选择一个很大的薄饼
个数，比如一千张薄饼，那么此时的薄饼数（在最糟糕的场景中
将薄饼重新排列成正确顺序所需的翻转次数）小于

$$\frac{(5 \times 1{,}000 + 5)}{3} = 1{,}688\tfrac{1}{3}$$

考虑到三分之一的翻转次数实际上是不存在的，$P_{1{,}000}$小于或
等于1,668。这个结果很有名，因为它是威廉·H.盖茨（William
H. Gates）和克里斯托斯·H.帕帕季米特里乌（Christos H.
Papadimitriou）共同发表的一篇论文的结论。威廉·H.盖茨就是
著名的微软创始人比尔·盖茨，这篇论文被认为是他发表过的唯
一一篇研究论文。

这篇论文基于盖茨在哈佛大学本科阶段所做的工作。论文中
还提到了薄饼问题的一个复杂变种。在"烤焦的薄饼问题"中，
薄饼的一面被烤焦了，所以你不仅要把它们翻转成正确的大小顺
序，还要把它们翻转成正确的方向（烤焦的一面朝下）。这就是
戴维·S.科恩在伯克利解决的问题。

1995年，科恩发表了一篇关于烤焦的薄饼问题的论文[1]，将
烤焦的薄饼翻转次数的上下限定为2n−2和3n/2。如果烤焦的薄

---

[1] "论烤焦的薄饼排序问题"，《离散应用数学》61，2号（1995）；105–120页。

饼仍然有 1,000 个，那么在最糟糕的情况下，对薄饼进行定向和排序所需要的次数在 1,500 和 1,998 之间。

这就是《辛普森一家》编剧的独特之处。他们不仅可以参加数学俱乐部，而且可以发表严谨的演讲，甚至可以发表严肃的数学研究论文。

戴维·S.科恩讲述了一件趣事。这个故事说明，当编剧们意识到团队内部数学人才的能力级别时，就连他们自己有时也会感到震惊："在我的导师、著名计算机科学家曼纽尔·布卢姆的帮助下，我写出了这篇关于薄饼数的论文。我们把论文提交给了《离散应用数学》期刊。随后，我离开了研究生院，成了《辛普森一家》的编剧。在这篇论文被接受以后，它经历了极为漫长的提交、修改和出版程序。所以，当论文出版时，我已经在《辛普森一家》工作了一段时间，当时肯·基勒也被招了进来。所以，当这篇论文终于得到刊登时，我拿着论文的重印版走进办公室，说，'嘿，我有一篇论文发表在了《离散应用数学》上。'所有人都很惊讶，只有肯·基勒不为所动。他说，'哦，我在几个月前也在这份期刊上发表了一篇论文。'"

科恩露出了苦笑，抱怨道："在《辛普森一家》的编剧团队之中，我甚至不是唯一在《离散应用数学》上发表过论文的成员，这意味着什么呢？"

第 10 章

稻草人定理

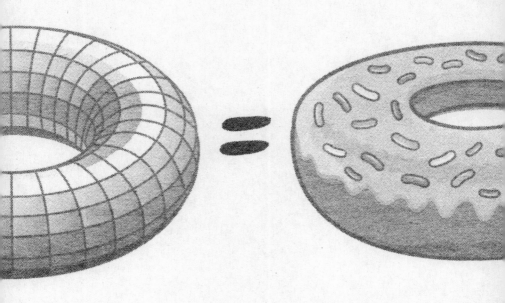

荷马·辛普森通常不被人们看作聪明人。相反，他被视作更加接近底层的春田居民之一。在"荷马诉第十八号修正案"（1997）中，他的祝酒词解释了他那简单的人生哲学："为酒精干杯！酒是一切人生问题的根源和解决办法。"

不过，编剧们偶尔也会放松对荷马的限制，以便探索这个人物性格之中更接近书呆子的一面。我们已经在1998年的"常青平台的巫师"一集中看到他的另一面。在其他一些剧集中，荷马也显示出了充当"书呆子骄傲"运动形象代言人的潜力。例如，在"PTA解散"（1995）一集中，全球最负盛名的科学期刊《自然》表扬了他的一句评论。发现女儿在试图制造永动机时，他严格制止了女儿的行为："丽莎，在这所房子里，我们遵循热力学定律！"

除了模仿一些最基本的科学定律，荷马偶尔也会进行科学实验。在"咿哎咿哎哦"（1999）一集中，他研究起了耕种，将钚撒在地里，以提高收成。不出意外，他的植株发生了变异。荷马将他的新作物称为烟草番茄，因为这种植物拥有番茄的外表，内部却含有烟草成分。

　　俄勒冈州的罗布·鲍尔（Rob Bauer）是《辛普森一家》的粉丝，他看到了这一集，产生了对荷马的成果进行复制的灵感。他没有使用放射性物质，而是将烟草的根嫁接到了番茄植株上，然后观察结果。这并不是一种完全不着边际的想法，因为烟草和番茄都是茄科植物，对于亲缘植物的嫁接也许可以将一种植物的性质转移到另一种植物上。结果，鲍尔在番茄植株的叶子中发现了尼古丁，这说明科学事实有时几乎和科幻小说一样怪异。

　　在第7章讨论过的"他们拯救了丽莎的大脑"一集中，编剧们也让荷马发挥了自己的学术才能。在斯蒂芬·霍金将丽莎从大吵大嚷的暴民之中解救出来以后，故事以霍金教授和丽莎的父亲在莫记客栈的闲聊作为结尾。在这里，荷马的宇宙思想给霍金教授留下了深刻的印象："你认为宇宙具有甜甜圈的形状，这种想法很有趣……我可能不得不借用它。"

　　这听上去很可笑，但是具有数学头脑的宇宙学家表示，宇宙可能真的具有与甜甜圈类似的结构。为了解释这种几何结构，让我们对宇宙进行简化，将整个宇宙从三维压缩成二维。此时，一切事物都存在于一个薄片上。根据常识，你可能认为这个宇宙薄片是平的，它在各个方向上延伸至无穷。不过，宇宙学通常并不遵循常识。爱因斯坦告诉我们，空间可以弯曲，这会导致其他各种可能的场景。例如，你可以想象这样一个宇宙薄片：它不是没有边界的，而是有四个角，看上去像是一块巨大的长方形橡皮。

接着，想象你将橡皮的两个长边连接在一起，形成一个圆柱体。接着，将圆柱体的两端连接起来，将整个橡皮转变成一个空心甜甜圈。这就是霍金和荷马讨论的那种宇宙。

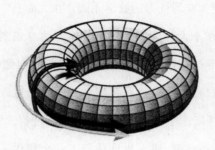

如果你生活在这个甜甜圈宇宙的表面，你可以沿着灰色箭头前进，最终回到原来的位置。你也可以沿着黑色箭头前进，并回到原来的位置。甜甜圈宇宙的性质很像雅达利公司经久不衰的游戏《爆破彗星》里的空间环境。如果玩家的飞船向东飞行，它就会从右边离开屏幕，从左边回到屏幕上，最终回到原来的位置。类似地，如果飞船向北飞，它就会从上边离开屏幕，从下边重新进入屏幕，最终回到起始点。

当然，我们只是在二维条件下讨论这种理论。不过，根据物理学定律，我们可以将三维宇宙圈成圆柱体并形成一个甜甜圈。如果你不是数学家，那么你几乎无法在想象中对三维空间进行这种操作。不过，霍金和荷马知道，我们的宇宙完全有可能具有甜甜圈的形状。正如英国科学家 J. B. S. 霍尔丹（J. B. S. Haldane,

1892—1964）所说："我怀疑宇宙不仅比我们想象的更奇怪，而且比我们可能想到的一切性质更古怪。"

在其他剧集中，编剧创造出了一个触发事件，它可以刺激荷马的大脑，使他获得优秀的数学才能。在"荷马"（2001）中，当荷马取出存在于大脑中的蜡笔时，他突然意识到，他可以用微积分证明上帝不存在。他向敬畏上帝的邻居内德·佛兰德斯展示了他的证明过程。佛兰德斯起初对于这种通过逻辑让上帝消失的说法感到怀疑。他一边检查荷马的证明过程，一边嘟囔道："我们来看看吧……呃，哦。也许他犯了一个错误……不。这个证明过程无懈可击。不能让这个好东西流传出去。"佛兰德斯无法发现能够将证明推翻的任何错误，因此烧掉了荷马的文件。

这段情节是在向数学史上最著名的趣闻之一致敬。当时，18世纪最伟大的数学家莱昂哈德·欧拉（Leonhard Euler）曾经装模作样地证明与荷马相反的结论，即上帝的确存在。欧拉当时在圣彼得堡凯瑟琳大帝（Catherine the Great）的宫廷里。凯瑟琳及其朝臣正在日益担心访问俄国的法国哲学家德尼·狄德罗（Denis Diderot）可能造成的影响，因为狄德罗宣称自己是无神论者。据说，狄德罗是一个惧怕数学的人。于是，朝廷要求欧拉伪造一个方程，从表面上证明上帝的存在性，终结狄德罗的异端邪说。当狄罗德在公共场合面对欧拉复杂的方程时，他无言以对。经过这次丢人的对质，狄德罗成了圣彼得堡的笑柄。不久，他请求当局允许他返回巴黎。

在"春田"（或者"我如何学会停止担忧并喜爱合法赌博"）
（1993）中，荷马的数学才能得到了另一次短暂的提升。在这一
集的开头，美国前国务卿亨利·基辛格参观了荷马的工作场所，
即春田核电站（这有些莫名其妙）。不幸的是，在核电站的盥洗
室里，基辛格的标志性眼镜掉进了马桶里。基辛格羞于将眼镜捞
出来，而且羞于将这件事告诉任何人，他自言自语道："不能让
任何人知道我把眼镜掉进了马桶里。要知道，我可是起草过《巴
黎和平协定》的人。"

不久，荷马来到了同一间盥洗室，发现了抽水马桶里的眼镜。
当然他无法抵抗戴上眼镜的诱惑，因为他似乎可以通过这副眼镜
获得基辛格的聪明才智。还没等荷马走出盥洗室，他已经说出了
一个数学公式：

> "等腰三角形任意两条边的平方根之和
> 等于另一条边的平方根。"

乍一看，这似乎是对毕达哥拉斯定理的直接陈述。不过，这
句话存在多处错误。正确的定理应该是：

> "直角三角形斜边的平方等于相邻两条边的平方和。"

　　最明显的区别是，荷马的陈述针对的是等腰三角形，而毕达哥拉斯定理与直角三角形有关。你在上学时可能学过，等腰三角形有两条长度相同的边，直角三角形没有这种边长限制，但是它必须有一个角是直角。

　　荷马的陈述还有两个问题。首先，他谈论的是长度的"平方根"，毕达哥拉斯定理则与长度的"平方"有关。其次，毕达哥拉斯定理是将直角三角形的斜边（最长的边）与其他两条边联系在一起，荷马则是将等腰三角形的"任意两条边"与"另一条边"联系在一起。"任意两条边"可以是两条长度相等的边，也可以是一条等长边和一条不等长的边。

　　下面的图表和等式总结和强调了荷马的陈述与毕达哥拉斯定理之间的区别。荷马歪曲了标准的数学公式，创造出了毕达哥拉斯定理的一个修改版本，即辛普森猜想。定理与猜想的区别在于，前者得到了证实，后者尚未得到证实或证伪。

SIMPSON'S CONJECTURE 辛普森猜想		(1) $\sqrt{a} + \sqrt{a} = \sqrt{b}$ AND (2) $\sqrt{a} + \sqrt{b} = \sqrt{a}$
PYTHAGOREAN THEOREM 毕达哥拉斯定理		$a^2 + b^2 = c^2$

辛普森猜想涉及所有等腰三角形。所以，如果想要证明这个猜想，我们需要证明它对无数个三角形成立。不过，如果想要推翻这个猜想，我们只需要找到一个不符合辛普森猜想的三角形。由于证伪看上去比证实更为容易，所以我们可以考虑找出一个能够推翻辛普森猜想的反例，

让我们考虑一个底边长为4、腰长为9的等腰三角形。这个等腰三角形任意两条边的平方根之和是否等于另一条边的平方根？

如果 $\sqrt{9}+\sqrt{9}=\sqrt{4}$，那么 3+3=2，这是错误的

如果 $\sqrt{9}+\sqrt{4}=\sqrt{9}$，那么 3+2=3，这也是错误的

在上面两种情形中，等式两边的平方根并不相等，因此辛普森猜想显然是错误的。

这显然不是荷马最细心的时刻，但我们也许不应该过于严格地对待他，尤其是考虑到影响他的物品是基辛格的眼镜。实际上，如果一定要怪罪谁的话，你应该怪罪编剧。

乔希·温斯坦（Josh Weinstein）和比尔·奥克利（Bill Oakley）是这一集的首席编剧。温斯坦向我讲述了这段情节的诞生过程以及它包含这个不合理猜想的原因："这个笑话来自倒推，因为我们需要让荷马的老板伯恩斯先生认为荷马很聪明。我们想，'他为什么会认为荷马很聪明呢？哦，我们可以让荷马在马桶里

发现一副眼镜，这将是一个很有趣的解释。这副眼镜的主人是谁呢？哦，亨利·基辛格！'我们喜欢亨利·基辛格（以及尼克松时代的事物）。而且，让他成为伯恩斯先生的朋友是一种比较合理的安排。"

接着，他们需要在脚本中添加一句台词，以说明荷马立即获得了对自己智力的自信。此时，编剧团队陷入了思索。一个偏爱数学的编剧意识到，荷马当时的情况与《绿野仙踪》结尾的一个场景非常相似。[①]当多萝西（Dorothy）走上通往奥兹国的黄砖路时，陪在她身边的是寻找勇气的胆小鬼狮子、寻找心脏的铁皮人和寻找大脑的稻草人。据说，稻草人代表了堪萨斯底层善良农民的典型形象，这些农民很可能拥有许多常识，但是没有接受过正规教育。当一行人最终找到巫师时，巫师无法让稻草人拥有大脑，但他给了稻草人一张文凭。此时，稻草人不假思索地说道："等腰三角形任意两条边的平方根之和等于另一条边的平方根。"

因此，荷马引用的是《绿野仙踪》里面稻草人的原话。辛普森猜想其实是稻草人猜想。《辛普森一家》的编剧之所以使用这个错误的数学猜想，是因为荷马发现基辛格的眼镜和稻草人获得文凭这两件事对他们具有同样的影响，即他们在智力上的自信心得到了极大的提升。

---

① 这个编剧很可能是喜爱数学的前工程师戴维·米尔金。他是这一集以及 1993 年另外两集（"荷马最后的诱惑"和"玫瑰花蕾"）的执行制作人，这三集都与《绿野仙踪》存在联系。

只有一小部分观众能够注意到荷马借用了稻草人的猜想。这些观众是韦恩图上《绿野仙踪》的狂热粉丝集合与数学家集合的交集。这个交集之中包括佐治亚州奥古斯塔州立大学数学和计算机科学系的学生詹姆斯·伊克（James Yick）、阿娜希塔·拉菲伊（Anahita Rafiee）和查尔斯·比斯利（Charles Beasley），他们仔细查看了《绿野仙踪》的原始场景。一种观点认为，稻草人本来应该说出毕达哥拉斯定理，但是饰演稻草人的雷伊·博尔杰（Ray Bolger）意外地犯了错误。当人们发现这个错误时，他们已经来不及修改了。对此，三位数学家产生了怀疑。他们认为《绿野仙踪》的编剧故意歪曲了毕达哥拉斯定理。他们说："我们觉得这种歪曲是故意的，因为演员表述这句台词的速度并不慢，这说明他做了许多练习。而且，这些台词的措词中存在三处明显的错误……编剧们是想表达他们对于文凭所具有的真实价值的怀疑吗？他们是想说明观众整体上缺乏真正的知识、暗示我们都是'稻草人'，并将其作为他们内部的小笑话吗？"

不管稻草人猜想背后的起源和动机如何，这个猜想无疑是错误的。不过，在它的激励下，奥古斯塔州立大学的三位数学家研究了稻草人猜想的对立面，即乌鸦猜想：

> "等腰三角形任意两条边的平方根之和
>
> 永远不等于另一条边的平方根。"

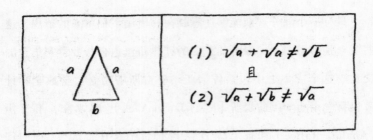

那么，伊克、拉菲伊和比斯利的乌鸦猜想是正确的吗？我们可以考察其中的两个不等式，以检验这个猜想。首先，我们可以对不等式（1）进行重新表述，然后进行细微的调整：

$$\sqrt{a} + \sqrt{a} \neq \sqrt{b}$$

$$2\sqrt{a} \neq \sqrt{b}$$

$$4a \neq b$$

$$a \neq {}^1\!/_4\, b$$

最下面的不等式是说，腰长 a 永远不等于底长 b 的四分之一。实际上，这是成立的，因为 a 一定大于 ${}^1\!/_2\, b$，否则三角形的三条边就连不上了。只需看一眼上面的三角形，你就会明白这一点。

我们已经证明了不等式（1）是成立的，现在来看不等式（2）：

$$\sqrt{a} + \sqrt{b} \neq \sqrt{a}$$

$$\sqrt{b} \neq 0$$

$$b \neq 0$$

换句话说，不等式（2）是说等腰三角形的底边长度不等于零。这显然是正确的，否则三角形就只有两条边了！这两条边会重合在一起，所以这个三角形只有一条边！

因此，我们可以确定，等腰三角形任意两条边的平方根之和永远不可能等于另一条边的平方根。这不是一个非常深刻的发现。不过，我们现在可以将乌鸦猜想称为乌鸦定理了。

· · ·

辛普森猜想只不过是对稻草人猜想的复述，而这个猜想在任何情况下都无法成立。不过，辛普森一家人可以获得一些安慰，因为一些重要的——并且正确的——数学概念就是以他们的姓氏命名的。

例如，辛普森悖论是最令人困惑的数学悖论之一。它是由爱德华· H.辛普森（Edward H. Simpson）研究和推广的。爱德华在布莱切利公园工作期间对统计学产生了兴趣。布莱切利公园是"二战"时期英国的密码破译秘密总部。

辛普森悖论最好的例子之一与1964年的美国民权法案有关。这是一部具有历史意义的法案，旨在解决歧视问题。具体地说，如果我们详细研究民主党人和共和党人在众议院对于这部法案的投票记录，我们就会看到辛普森悖论。

在北方各州，94%的民主党人投票支持该法案，共和党人的支持率则只有85%。因此，在北方，民主党人投票支持该法案的比例高于共和党人。

在南方各州，7%的民主党人投票支持该法案，共和党人的支持率则是0%。因此，在南方，民主党人投票支持该法案的比例仍然高于共和党人。

显而易见的结论是，民主党人比共和党人更支持民权法案。不过，如果将北方各州和南方各州的数据结合在一起，我们会看到，80%的共和党人投票支持该法案，而民主党人的支持率则只有61%。

换句话说，在北方和南方，民主党人对该法案的支持率均高于共和党人，但是如果将北方和南方放在一起考虑，共和党人的支持率就会高于民主党人！这听上去很荒唐，但它是事实。这就是辛普森悖论。

为了理解这个悖论，我们可以考虑实际投票数，而不是考虑百分比。在北方各州，154个民主党人之中有145人投了赞成票（94%），162个共和党人之中有138人投了赞成票（85%）。在南方各州，94个民主党人之中有7个人投了赞成票（7%），10个共和党人之中无人投赞成票（0%）。如上所述，在北方州和南方州，民主党人似乎比共和党人更加支持该法案。不过，从全国范围来看，这种趋势得到了逆转，因为248个民主党人之中有152人投了赞成票（61%），而172个共和党人之中有138人投了赞成票（80%）。

	北方投票记录		南方投票记录		全国投票记录	
民主党人	145/154	94%	7/94	7%	152/248	61%
共和党人	138/162	85%	0/10	0%	138/172	80%

　　那么，我们如何解决这里的辛普森悖论呢？有四个关于数据的事实可以帮助我们理解这种神秘现象。首先，如果我们想要比较共和党人和民主党人的投票记录，那么我们需要考虑全国范围的整体数据，这意味着共和党人比民主党人更支持民权法案。这是最基本的结论。

　　其次，虽然我们可能希望看到共和党人和民主党人投票记录的差异，但是真正明显的区别存在于北方代表和南方代表之间，与政党无关。北方的支持率在90%左右，而南方的支持率则骤降至7%。当我们关注一个变量（比如民主党人与共和党人的对比）并且不太重视另一个更为重要的变量（比如北方和南方的对比）时，后者常常被称为潜在变量。

　　第三，百分率在某些情况下可能有助于对比，但是当我们仅仅考察百分率时，我们就会忽略实际投票数，无法看到某些重要的结果。例如，南方共和党人的支持率为0，这听上去很可恶。不过，南方只有10个共和党代表。如果有一个南方共和党代表投票支持该法案，南方共和党人的支持率就会从0%提升至10%，超过民主党的7%。

最后，数据中最重要的部分是南方民主党人的投票记录。关键问题是，南方各州对法案的支持远低于北方各州，而南方各州选出的代表以民主党人为主。南方民主党人极低的支持率拉低了民主党人的平均支持率，这是总体数据趋势发生逆转的主要原因。

重要的是，1964年民权法案投票记录所体现的这种奇怪的统计学现象并不罕见。这种在数据解释上出现反转的现象在体育和医疗等其他许多领域也造成了混乱。

在本章结束之前，我应该指出，数学领域还有其他一些以辛普森命名的事物，比如微积分中的辛普森法则，它可以用于估计任何曲线下方的面积。这个法则是以英国数学家托马斯·辛普森（Thomas Simpson，1710—1761）的名字命名的。托马斯在15岁那年成为英国纽尼顿市数学教师。根据历史学家尼科洛·圭恰迪尼（Niccolò Guicciardini）的说法，八年后，他犯下了任何人都可能犯下的错误，"不得不在1733年逃到德比，因为他或他的助手在一堂占星术课程上打扮成了恶魔，吓到了一个小女孩。"

当然，还有卡尔逊–辛普森定理。这个定理引出了黑尔斯–

朱厄特着色定理，并被用于弗斯滕伯格 – 卡茨纳尔逊论证之中。除此以外，我不需要对这个定理做出更多的解释。不过，我相信，你不需要由我来告诉你这些事情。

最后，还有令人难忘的巴特定理。[①]

---

① 如果你忘记了这个定理，你可以在哈尔姆·巴特（Harm Bart）的论文"周期强连续半群"中找到它，这篇论文发表于《Annali di Matematica Pura ed Applicata》115, 1 号（1977）; 311—318 页。

测试三

大学高级试卷

笑话 1 问：为什么计算机科学家会把万圣节和圣诞节弄混？　　2分

答：因为 Oct.31=Dec.25.

笑话 2 如果天线宝宝是时间和金钱的产物，那么：　　4分

天线宝宝 = 时间 × 金钱

但是，时间 = 金钱

=> 天线宝宝 = 金钱 × 金钱

=> 天线宝宝 = 金钱 ^{2}

金钱是一切罪恶的根源（root）

∴金钱 = $\sqrt{罪恶}$

∴金钱 ^{2} = 罪恶

=> 天线宝宝 = 罪恶

笑话 3 问：用二进制数数有多难？　　2分

答：就像 01 10 11 一样容易。

笑话 4 问：你为什么不应该把酒精和微积分混在一起？　　2分

答：因为你不应该酒后求导 [①]。

---

① 求导（derive）与驾驶（drive）谐音。——译者注

笑话 5　学生：“你最喜欢的数学内容是什么？”　　　　2分

教授：“纽结（Knot）理论。”

学生：“是的，我也不喜欢。”

笑话 6　当洪水退去，方舟着陆时，诺亚放走了所有动物，　4分
并宣布：“去吧，繁衍生息吧。”

几个月后，看到一切生物都在繁殖，诺亚很高
兴。不过，有两条蛇仍然没有孩子。诺亚问：“你
们有什么困难？”蛇的回答很简单：“请砍倒
一些树木，让我们在那里生活吧。”

诺亚满足了蛇的请求，然后离开了几个星期。
当他回来的时候，果然看到了许多蛇宝宝。诺
亚问，为什么他必须把树砍倒？蛇回答说：“我
们是蝰蛇（adders），我们需要依靠圆木（logs）
来繁殖（multiply）。”

笑话 7　问：如果

$$\lim_{x \to 8} \frac{1}{x-8} = \infty$$

求解下式：

$$\lim_{x \to 5} \frac{1}{x-5} = \ ?$$

答：S

总分 – 20 分

第11章

定格数学

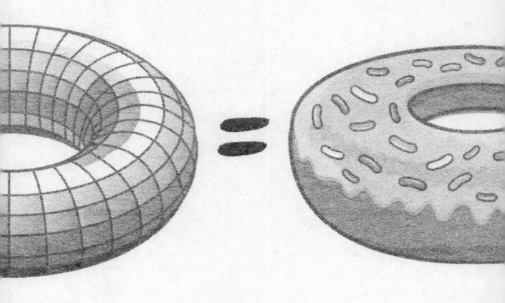

1960年首播的《摩登原始人》连续播放了六季，共166集，是美国广播公司在黄金时段的一个重大成功。不过，直到1989年，美国才出现另一部黄金时段的重量级动画情景喜剧，即已经播出了五百多集的《辛普森一家》。这部动画片证明了动画情景喜剧可以同时吸引孩子和大人的兴趣，促成了《恶搞之家》和《南方公园》等动画片的诞生。马特·格罗宁及其编剧团队还证明了喜剧不一定需要笑声音轨，为里基·杰维斯（Ricky Gervais）的《办公室》以及其他喜剧做出了榜样。

　　根据编剧帕特里克·韦罗内（Patric Verrone）的说法，《辛普森一家》还是使用定格笑话的先驱："如果说定格笑话不是《辛普森一家》发明的，那么它至少在这里得到了完善。定格笑话是在正常观看过程中不会被人注意到的笑话。要想看清这种笑话，你需要将画面定格。定格笑话通常是书名或标牌。你很难将这些东西放在真人电视剧中。"

　　《辛普森一家》从一开始就使用了定格笑话，这种笑话可以仅仅持续一帧，也可以持续更长的时间。在《辛普森一家》正式

的第一集"天才巴特"中，我们看到了一个拥有《伊里亚特》和
《奥德赛》的图书馆。如果你眨一下眼睛，你就会错过这个画面。
当然，这里的笑点在于，这两本古希腊经典的作者是荷马。

定格笑话是为节目增加笑点密度的机会，但编剧也可以在定
格笑话中引入深奥的典故，以奖励那些拥有特定知识的观众。还
是在"天才巴特"中，一名学生的阿纳托利·卡尔波夫午餐盒一
闪而过。卡尔波夫是1975年到1985年的国际象棋世界冠军。此外，
他还是世界上最昂贵邮票的卖家。2011年，他的邮票在比属刚果
的拍卖会上以8万美元的价格成交。即使观众没有看到这个画面，
他们对动画片的观看也不会受到任何影响。不过，在编剧看来，
只要有人看到了这个画面并且理解了它的意思，这个画面的设计
就是值得的。

定格笑话在很大程度上是技术进步的产物。到了1989年，
也就是《辛普森一家》开始播出的时候，大约65%的美国家庭已
经有了磁带录像机。这意味着粉丝可以多次观看同一电视节目，
并在发现有趣的画面时将节目暂停。同时，超过10%的家庭拥有
了家用电脑，少数人甚至用上了互联网。第二年，Usenet新闻组
alt.tv.simpsons诞生了，粉丝可以在这里分享他们所发现的定格
画面以及其他信息。

根据《辛普森星球》作者克里斯·特纳（Chris Turner）的说
法，最幽默的定格笑话出现在"坏人荷马"（1994）中。在这一

集里，哗众取宠的调查节目《最低点》提出了错误的指控，认为荷马做出了色情行为。主持人戈弗雷·琼斯（Godfrey Jones）被迫在节目中道歉并发布更正信息，这段信息以文本形式自上而下迅速滚过屏幕。普通观众只能看到一片模糊的文本。不过，任何愿意将视频暂停并逐帧查看更正信息的人都可以看到持续四秒钟的三十四个定格画面。

重要的是，《辛普森一家》的数学编剧可以利用定格画面加入一些令数字痴迷者感兴趣的内容。例如，《荷马上校》（1992）第一次介绍了当地电影院，眼尖的观众会注意到，电影院的名字是"春田古戈尔普勒克斯"。为了理解这个名字的含义，我们需要回到1938年。当时，美国数学家爱德华·卡斯纳（Edward Kasner）和外甥米尔顿·西洛塔（Milton Sirotta）进行了一次对话。卡斯纳无意中提到，他们应该为 10^{100}（即 10,000,000,000,000,000,000,000,000,000,000,000,000,000,000,000,000,000,000,000,000,000,000,000,000,000,000,000,000,000,000,000,000,000,000,000）取一个名字。九岁的米尔顿提议使用"古戈尔"一词。

卡斯纳在《数学与想象》一书中回忆了他和外甥接下来的对话："他不仅提出了'古戈尔'这个名字，而且将另一个更大的数称为'古戈尔普勒克斯'。这个名字的创造者很快指出，古戈尔普勒克斯比古戈尔大得多，但它仍然是有限的。古戈尔普勒克斯最初的定义是，你首先写下1，然后不停地写0，直到累得写

《辛普森一家》中的定格笑话

"坏人荷马"（1994）

《最低点》更正单上的文字

如果你在看这段文字，你就没命了。

我们的观众不是可怜而冷淡的食物管道。

奎尔熟悉常见的浴室程序。

写这段文字的人没有生命。

"愚蠢的赔偿"（1998）

斯图迪斯科舞厅外面的标牌

要想进门，你的皮肤必须至少有这么黑

"舞会上的猪油"（1998）

提供"冬季疯狂特价"的商店名称

唐纳派对用品

"巴特、丽莎与三年级"（2002）

丽莎手中那本书的书名

绘本时期的爱情

"相互依赖日"（2004）

斯普林第一教堂外面的标牌

我们欢迎其他信仰（开玩笑的）

"巴特有两个妈妈"（2006）

左撇子大会上的标牌

今日研讨会——左利手不承认双利手吗？

不动为止；此时，你写下的数就是一古戈尔普勒克斯。"

舅舅明智地感觉到，这样一来，古戈尔普勒克斯就成了一个稍微有些随意和主观的数。因此，他建议将古戈尔普勒克斯定义成 $10^{古戈尔}$，即 1 后面跟着古戈尔个 0。如果你将这些 0 写在纸上，即使你使用你能想象到的最小字体，这张纸也将远远超出可观测宇宙的范围。

今天，就连普通人也对古戈尔和古戈尔普勒克斯这两个词语有了一定的了解，因为拉里·佩奇（Larry Page）和谢尔盖·布林（Sergey Brin）用古戈尔一词命名了他们的搜索引擎。不过，他们更喜欢一种常见的错误拼写方式，因此他们的公司叫作谷歌（Google），而不是古戈尔（Googol）。这个名字意味着该搜索引擎可以提供海量信息。不出意料，谷歌的总部被称为谷歌普勒克斯。

根据《辛普森一家》编剧阿尔·让的回忆，春田古戈尔普勒克斯的定格画面不在《荷马上校》最初的脚本草稿之中。相反，他相信这个画面是在一次共同改写过程中添加的，当时团队中的数学成员很喜欢发挥他们的影响力："是的，我当时肯定在场。我记得春田古戈尔普勒克斯不是由我提出的，但我当时肯定笑了。这个笑话的背景是，一些剧院被称为奥克托普勒克斯和马尔提普勒克斯。我记得我上小学的时候，那些自以为是的孩子总是在谈论古戈尔。这个笑话绝对来自这一集的改写办公室。"

从第一季开始就和让共同在《辛普森一家》剧组工作的迈

克·瑞斯认为，春田古戈尔普勒克斯的定格画面可能出自他的手笔。瑞斯记得，当一位编剧同事指出这个笑话过于深奥时，他为自己进行了辩护："有人说，没有人能理解我提出的笑话，但是这个笑话仍然被保留下来……它没有什么负面影响；一家大型剧院的名字能有多搞笑呢？"

另一个数学定格笑话出现在"金钱巴特"中。实际上，你可能已经在第6章看到了它。下面是一个近景画面，它可以帮助你发现这个梗。

当丽莎以一流棒球教练为目标而努力学习时，我们看到她的周围全是书，其中一本书的书脊上写着书名"$e^{i\pi}+1=0$"。如果你学过大学数学，你可能会认出，这就是欧拉方程，有时也被称为欧拉恒等式。解释欧拉方程是一件比较复杂的事情，超出了这一章的知识范围。不过，附录2在一定程度上做了比较专业的解释。在这里，我们将关注欧拉方程的第一个组成部分，即奇怪的数字 e。

在沉闷的银行利率领域，有一个迷人的问题，数学家们就是在研究这个问题时发现了 e。想象一个简单的投资场景。一个人将 1.00 美元存入一个极为方便和慷慨的银行里，这个银行每年可以提供 100% 的利息。到了年末，1.00 美元本金将产生 1.00 美元利息，使总金额变成 2.00 美元。

现在，考虑另一个场景。银行不是在一年后提供 100% 的利息，而是将利率折半，分两次计算。换句话说，投资者可以在六个月

当瑞斯（前排左边）提议将古戈尔普勒克斯作为春田电影院的名称时，阿尔·让（拿着熨斗）也在场。这是他们 1981 年在哈佛"妙文城堡"里拍摄的照片。照片中正在玩抛球杂耍的帕特里克·韦罗内也是一位成功的电视喜剧作家，参与了一系列作品的编剧工作，包括《辛普森一家》2005 年的故事"迷雾中的米尔豪斯"。照片中的第四个人是泰德·菲利普斯（Ted Phillips），他已于 2005 年去世。虽然他拥有写作天赋，但他后来在南加州开启了法律事业，并且成了当地备受尊重的历史学家。1992 年的"巴特之声"（1992）一集中提到了他的名字，另一部由让和瑞斯制作的动画片《评论家》中还有一个以他的名字命名的人物（菲利普斯公爵）。

和十二个月以后分别获得50%的利息。因此，六个月后，1.00美元本金将产生0.50美元利息，使总金额变成1.50美元。接下来的六个月，1.00美元本金和已经生成的0.50美元利息都可以产生利息。因此，十二个月后的利息是1.50美元的50%，即0.75美元。所以，年末的总金额是2.25美元。这种利息叫作复合利息。

你可以看到，这种半年利息比简单的年利息更赚钱，这是一个好消息。如果更加频繁地计算复合利息，银行账户余额将会更高。例如，如果每个季度计算利息（每三个月的利率是25%），那么三月末的总金额是1.25美元，六月末的总金额是1.56美元，九月末的总金额是1.95美元，年底的总金额是2.44美元。

如果 n 是增长次数（每年计算并累加利息的次数），那么下面的公式可以用于计算每月、每周、每天甚至每小时计算复合利息的总金额（ F ）：

$$F=\$(1+{}^1/_n)^n$$

初始金额	年利率	时间增量	增长次数（ n ）	增量利率	总金额（ F ）
$1.00	100%	1 年	1	100.00%	$2.00
$1.00	100%	半年	2	50.00%	$2.25
$1.00	100%	1 季度	4	25.00%	$2.4414…
$1.00	100%	1 月	12	8.33%	$2.6130…
$1.00	100%	1 周	52	1.92%	$2.6925…
$1.00	100%	1 天	365	0.27%	$2.7145…
$1.00	100%	1 小时	8,760	0.01%	$2.7181…

在每周计算复合利息时，我们的收益已经比只算年利息的情

况多了将近 0.70 美元。不过，过了这个点以后，更加频繁地计算复合利息只会增加一两个美分的收益。这引出了一个令数学家们着迷的有趣问题：如果我们不是每小时、每秒钟甚至每微秒计算复合利息，而是每一瞬间都在计算复合利息，那么年末的总金额是多少呢？

　　答案是 2.71828182845904523536028747135266249775724709369995957496696762772407663035354759457138217852516 6427⋯美元。你可能已经猜到，这个数是无理数，它的数位没有尽头，我们将这个数称为 e。

　　2.718⋯之所以被称为 e，是因为它与指数增长有关。指数增长描述了资金年复一年积累利息或者任何事物以固定速率不断增长时的惊人增速。例如，如果投资资金以 2.718⋯的系数增长，那么 1.00 美元在一年以后会变成 2.72 美元，两年以后会变成 7.39 美元，然后是 20.09 美元，然后是 54.60 美元，然后是 148.41 美元，然后是 403.43 美元，然后是 1,096.63 美元，然后是 2,980.96 美元，然后是 8,102.08 美元，然后是 22,026.47 美元。这个过程只需要十年时间。

　　这种惊人的持续指数增长率在金融投资领域非常罕见，但它在其他领域拥有一些实实在在的例子。指数增长最有名的例子发生在科技界，被称为摩尔定律，是以英特尔创始人之一戈登·摩尔（Gordon Moore）的名字命名的。1965 年，摩尔注意到，微处理器芯片上的晶体管数量大约每两年会增加一倍。他预测说，这种趋势将会持续下去。果然，几十年来，摩尔定律一直在生效。从1971年到2011年的四十年间，晶体管数量翻了二十番。换句话说，在四十年时间里，一个芯片上的晶体管数量增长了2^{20}倍，即大约一百万倍。因此，同20世纪70年代相比，我们目前的微处理器性能得到了极大的提升，成本也出现了大幅下降。

人们有时会进行类比，认为如果汽车的改进速度也能像计算机那样快，那么今天一辆法拉利的成本将只有100美元，而且可以凭借每加仑汽油行驶一百万英里……不过，它也会每个星期出一次车祸。

e与复合利息和指数增长的联系非常有趣，但它还有其他许多用途。和π一样，e存在于各种出人意料的场合之中。

例如，e是"错位问题"的核心，这个问题更常见的名字是"帽子保管问题"。假设你是餐厅衣帽间的管理员，负责收集顾客的帽子并将其放入帽盒。不幸的是，你没有标记哪个帽子属于哪个人。当就餐者离开时，你把帽盒随机交给他们，然后和他们挥手告别，不给他们打开盒子的机会。那么，所有盒子里的帽子都被人拿错的概率是多少？答案取决于顾客人数（n）。零匹配的概率$P(n)$符合下面的公式[1]：

---

① 这个公式包含符号 !，即阶乘运算符。下面的例子可以很好地解释阶乘：1!=1，2!=2×1，3!=3×2×1，等等。

$$P(n) = 1 - \frac{1}{1!} + \frac{1}{2!} - \frac{1}{3!} + \frac{1}{4!} + \cdots + \frac{(-1)^n}{n!}$$

一位顾客的零匹配概率是 0，因为一个帽子一定会被正确的人拿到：

$$P(1) = 1 - \frac{1}{1!} = 0 = 0\%$$

两位顾客的零匹配概率是 0.5：

$$P(2) = 1 - \frac{1}{1!} + \frac{1}{2!} = 0.5 = 50\%$$

三位顾客的零匹配概率是 0.333：

$$P(3) = 1 - \frac{1}{1!} + \frac{1}{2!} - \frac{1}{3!} = 0.333 = 33\%$$

四位顾客的概率约为 0.375，十位顾客的概率约为 0.369。当顾客数量趋近于无穷时，这个概率趋近于 0.367879…，即 1/2.718…，也就是 1/e。

你可以亲自检验这一结果。取两副牌，分别洗开，使两副牌处于随机状态。一副牌代表将帽子放入盒子的随机顺序，另一副牌表示顾客取走帽子的随机顺序。将两副牌并排放置，每次从每副牌顶部翻开一张牌。如果两张牌拥有同样的花色和点数，这就相当于一次匹配。两副牌翻完以后零匹配的概率接近$1/e$，约等于0.37，即37%。换句话说，如果你将整个过程重复一百次，你将拥有非常糟糕的社交生活，同时两副牌零匹配的概率将会接近三十七次。帽子保管问题看上去也许很平凡，但它却是组合数学中的一个基本问题。

字母e还出现在对于悬链线的研究中。悬链线是一类曲线，是悬挂在两个点之间的链子的形状。"悬链线"（catenary）一词是托马斯·杰斐逊（Thomas Jefferson）根据表示"链条"的拉丁词语$catena$发明的。下面的方程描述了悬链线的形状，其中e在核心位置上出现了两次：

$$y = \frac{a}{2} \left(e^{x/a} + e^{-x/a} \right)$$

蜘蛛网中的丝线在辐条之间形成了一系列悬链线。对于这一现象，法国昆虫学者让－亨利·法布尔（Jean-Henry Fabre）在《蜘蛛的生命》中写道："在这里，神奇数字e反复出现，它镌刻在蜘蛛丝之中。让我们在有雾的早晨观察蜘蛛在夜间编织的网络。黏黏的丝线具有吸湿性，上面附着了细小的水珠。在重力作用下，蛛网上形成了许多悬链线，许多点缀着透明宝石的链条，这些美好的链条以精密的顺序排列，宛如弯曲的秋千。如果阳光穿过迷雾，这些水珠就会映射出五颜六色的光芒，成为一片光彩夺目的钻石。这都要归功于数字 e。"

我们还可以在另一个完全不同的数学分支中看到 e 的身影。想象你用计算器上的随机化按钮生成 0 到 1 之间的随机数，然后将它们加起来，直到它们的和超过 1。有时，你需要两个随机数；通常，你需要三个随机数；有时，你需要四个或更多随机数。不过，平均而言，累加和超过 1 所需要的随机数的个数是 2.71828…当然，这就是 e。

我还可以举出其他许多例子，证明 e 在其他许多数学分支中发挥着各种不同的基础作用，这可以解释为什么如此多的数字爱好者和它之间存在极为强烈的情感联系。

例如，斯坦福大学荣誉教授、计算领域的圣人唐纳德·克努特（Donald Knuth）就是 e 的狂热爱好者。在设计了字体创造软件 Metafont 以后，他决定将更新版的版本号与 e 联系在一起。这意味着第一版是 Metafont 2，然后是 Metafont 2.7，然后是 Metafont 2,71，依此类推，直到目前的 Metafont 2.718281。每个新的版本号都更加接近 e 的真值。这只是克努特对于工作成果的多种奇怪表达方式之一。另一个例子是他的重要作品《计算机编程艺术》第 1 卷的索引，其中"循环定义"条目指向了"定义，循环"，而"定义，循环"条目又指向了"循环定义"。

类似地，谷歌的超级书呆子老板也是 e 的狂热粉丝。当他们在 2004 年出售股份时，他们宣布，他们准备筹集 2,718,281,828 美元，即 10 亿美元乘以 e。同年，他们设计了这样的广告牌：

{ e 的连续数位中第一个十位数质数 }.com

找到本网站的唯一途径就是搜索 e 的所有数位，找到由十个数位组成的代表质数的序列。任何具有足够数学天赋的人都会发现第一个十位数质数 7427466391，它始于 e 的第九十九位。如果访问 www.7427466391.com，你会看到指向另一个网站的虚拟指示牌，后一个网站就是谷歌实验室工作职位的申请入口。[1]

表达自己喜爱 e 的另一种方式是记住它的数位。2004 年，德国人安德烈亚斯·利措（Andreas Lietzow）记住了 e 的 316 个数位，并在表演五球杂耍的同时背出了这些数位。不过，2007 年 11 月 25 日，印度人巴斯卡尔·卡马卡尔（Bhaskar Karmakar）将利措远远甩在了后面。在无须抛球的情况下，卡马卡尔在 1 小时 29 分 52 秒的时间里背出了 e 的 5,002 个数位，创下了新的世界纪录。同一天，他还倒着背出了 e 的 5,002 个数位，而且没有出

---

[1] 谷歌对另一个数也很感兴趣。2011 年，该公司将一批专利的起始竞标价定为 1,902,160,540 美元，即 10 亿美元乘以布朗常数（B_2）。布朗常数是所有孪生质数的倒数之和。孪生质数是只隔着一个偶数的质数。
因此，$B_2 = (1/3 + 1/5) + (1/5 + 1/7) + (1/11 + 1/13) + \cdots = 1.902160540 \cdots$。

错。这是普通人难以企及的记忆壮举。不过，我们所有人都可以利用下面的口诀记住 e 的十个数位："I'm forming a mnemonic to remember a function in analysis." 每个单词的字母数量代表了 e 的各个数位。

最后，《辛普森一家》的编剧也是 e 的狂热爱好者。这个数不仅出现在了"金钱巴特"的书名之中，而且在"圣诞节前的战斗"（2010）中得到了特别提及。这一集的最后一段采用了《芝麻街》的风格，以传统的赞助声明作为结尾。不过，声明没有使用类似"本集《芝麻街》由字母 c 和数字 9 赞助播出"的台词，而是向观众宣布："本集《辛普森一家》由曲音符号和数字 e 赞助播出；不是字母 e，而是指数函数求导后与自身相等的那个数字 e。"

第 12 章

再谈圆周率

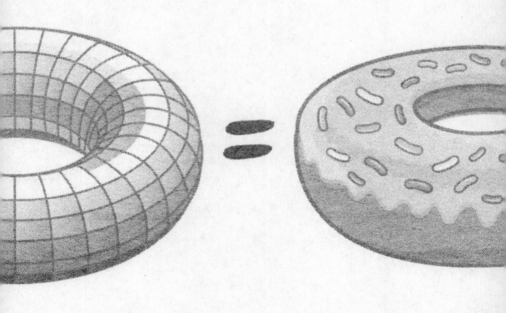

在"被捕的马芝"（1993）中，马芝在离开伊维克伊商场时忘了为一瓶波旁威士忌付钱，因此以盗窃罪被捕。她被送上了法庭。她的代理律师是名声不佳的莱昂内尔·胡茨（Lionel Hutz）。在马芝的审判开始之前，胡茨承认这可能是一场艰苦的斗争，因为他和法官关系不睦："在我轻微轧了他的狗一下以后，他一直对我心怀怨恨……好吧，应该把'轻微'一词换成'反复'，把'狗'换成'儿子'。"胡茨的辩护策略是把伊维克伊商场的主人、声称目睹了盗窃行为的阿普·纳哈撒皮马佩提伦（Apu Nahasapeemapetilon）描述成一个没有信誉的人。当他将阿普叫到证人席上并指出他的记忆可能存在错误时，阿普指出，他拥有完美的记忆力："实际上，我可以背出 π 的四万个数位，其中最后一个数位是 1。"

荷马不为所动，反而想到了另一件事："嗯……馅饼。"

阿普声称自己记住了圆周率的四万个小数位，这种不同寻常的说法有一个前提条件，那就是数学家至少知道了圆周率的四万个小数位。那么，在 1993 年这一集播出的时候，人们在计算圆周率的工作上进展如何呢？

我们在第2章看到，从古希腊时代起，数学家们就开始利用多边形不断提高圆周率的精度。最终，他们准确计算到了第三十四个小数位。到了1630年，奥地利天文学家克里斯托夫·格林伯格（Christoph Grienberger）利用多边形将圆周率测量到了第三十八位。从科学角度看，确定更多小数位是没有意义的，因为三十八个小数位完全能够以超乎想象的精度完成超乎想象的大规模天文计算。这种说法并不是夸张。如果天文学家确定了已知宇宙的精确直径，那么用三十八位圆周率计算宇宙周长的误差不会超过氢原子的宽度。

不过，将圆周率测量到更多小数位的艰苦工作仍在继续，它已经变成了与攀登珠峰类似的挑战。在数学世界里，圆周率是一座没有尽头的山峰，数学家们却想要征服它。不过，人们的策略发生了变化。他们不是使用缓慢的多边形方法，而是发现了一些能够更迅速地确定圆周率的公式。例如，在18世纪，莱昂哈德·欧拉发现了下面这个简洁的公式：

$$\frac{\pi^4}{90} = \frac{1}{1^4} + \frac{1}{2^4} + \frac{1}{3^4} + \frac{1}{4^4} + \frac{1}{5^4} + \frac{1}{6^4} + \cdots$$

我们可以用这样一种简单的数字模式计算圆周率，这是一件不同寻常的事情。这个式子是一种无穷级数，因为它包含无数个

项。你所计算的项数越多，结果就越准确。下面是用上述级数的
一项、两项、三项、四项和五项计算圆周率的结果：

$$\frac{\pi^4}{90} = \frac{1}{1^4} = 1.0000, \qquad\qquad \pi = 3.080$$

$$\frac{\pi^4}{90} = \frac{1}{1^4} + \frac{1}{2^4} = 1.0625, \qquad\qquad \pi = 3.127$$

$$\frac{\pi^4}{90} = \frac{1}{1^4} + \frac{1}{2^4} + \frac{1}{3^4} = 1.0748, \qquad\qquad \pi = 3.136$$

$$\frac{\pi^4}{90} = \frac{1}{1^4} + \frac{1}{2^4} + \frac{1}{3^4} + \frac{1}{4^4} = 1.0788, \qquad\qquad \pi = 3.139$$

$$\frac{\pi^4}{90} = \frac{1}{1^4} + \frac{1}{2^4} + \frac{1}{3^4} + \frac{1}{4^4} + \frac{1}{5^4} = 1.0804, \qquad \pi = 3.140$$

　　这些估计值从下向上逼近圆周率的真值。随着项数的增加，
结果也变得越来越准确。使用五项的估计值是 3.140，它已经精
确到了两个小数位。使用一百项的计算结果可以精确到圆周率的
六个小数位：3.141592。

　　欧拉的无穷公式可以相对高效地计算圆周率。不过，后来的
一代代数学家构造了其他无穷级数，可以更迅速地逼近圆周率的
真值。18 世纪早期，伦敦格雷沙姆学院的天文学教授约翰·梅钦
（John Machin）构造了不那么简洁但速度最快的无穷级数之一。[①]
他将圆周率测量到了一百个小数位，打破了之前所有纪录。

① 梅钦估计圆周率的公式基于下面的事实：$\frac{1}{4}\pi = 4\cot^{-1}(5) - \cot^{-1}(239)$。这里的 cot 代表余切函数。这不是无穷级数，但它可以通过泰勒级数展开转化成非常高效的无穷级数。

　　其他一些人在梅钦无穷级数之中投入了更大的热情，包括英国业余数学家威廉·尚克斯（William Shanks）。尚克斯一生中的大部分时间都在计算圆周率。1874年，他声称将圆周率计算到了707位。

　　为了纪念他的辉煌成就，巴黎发现宫科学博物馆在圆周率室布置了写有全部707个数位的铭文装饰。遗憾的是，20世纪40年代，人们发现尚克斯在计算第527位时犯了一个错误，这对后面的所有数位造成了影响。于是，发现宫请来了装修人员，尚克斯的名誉遭受了重创。不过，在当时，尚克斯仍然保持着526个小数位的世界纪录。

　　第二次世界大战结束后，机械计算器和电子计算器取代了尚克斯和历代数学家使用的纸和笔。尚克斯用一生的时间将圆周率计算到了707位，其中181位是错误的；而在1958年，巴黎数据处理中心在四十秒的时间里用一台IBM 704完成了同样的计算，而且没有出错。这体现了技术的力量。现在，人们正在以越来越快的速度提高圆周率值的精度，但是数学家们并没有感到特别激动，因为他们已经意识到，就连计算机也无法解决一项没有尽头的任务。

　　这一点被用到了《星际迷航》1967年"挑拨离间"一集的剧情之中。为了驱除占领企业号计算机的邪恶力量，斯波克（Spock）发出了这样的命令："计算机——下面是一条A级强制指令。计算圆周率的所有数位。"这道命令几乎逼疯了计算机，它不断叫道："不。"虽然计算机几近疯狂，但它仍然不得不遵守这道命令。于是，这个不可能完成的计算任务将邪恶力量的电流清出了计算机。

斯波克在"挑拨离间"中的聪明才智完全弥补了詹姆斯·T. 寇克舰长（Captain James T. Kirk）同一年早些时候在另一集中表现出的令人震惊的无知。在"军事法庭"中，寇克的一名机组成员在企业号上失踪了，没有人能够确定他的生死。寇克需要为这名失踪人员的命运负责，他决定用计算机搜索这个人的心跳。他解释了他的计划："先生们，这台计算机有一个听觉传感器。它可以有效地感应声波。我们可以安装一个放大器，将它的感应能力提高'一的四次方'倍。"当然，1^4 仍然是 1。

在法国计算机科学家以不到一分钟的时间计算出圆周率的 707 位后不久，同一个团队用费伦蒂珀伽索斯计算机将圆周率计算到了 10,021 位。接着，在 1961 年，纽约国际商用机器公司数据处理中心将圆周率计算到了 100,265 位。计算机性能的提升必然导致圆周率值计算精度的提升。1981 年，日本数学家金田康正计算出了圆周率的两百万个小数位。生性古怪的格雷戈里·丘德诺夫斯基（Gregory Chudnovsky）和戴维·丘德诺夫斯基（David Chudnovsky）兄弟在曼哈顿的公寓里亲手组装了一台超级计算机，并在 1989 年跨越了十亿个数位的门槛。随后，他们又被金田超越，后者分别在1997年和2002年突破了五百亿数位和一万亿数位大关。目前，在圆周率世界纪录中排在最前面的是近藤茂和余智恒，两个人在2010年计算出了圆周率的五万亿个数位，并在2011年将这个纪录翻番，达到了十万亿个数位。

· · ·

所以，站在法庭上的阿普完全可以知道圆周率的前四万个小数位，因为数学家已经在20世纪60年代早期超越了这一精度。不过，他是否有可能记住四万个小数位呢？

我们前面在讨论e时说过，记忆一组数字的最佳途径就是记住一句话，这句话中每个单词的字母数量与每个数位相对应。例如，"May I have a large container of coffee" 对应于3.1415926这8个数位。"How I wish I could recollect pi easily today!" 对应于9个数位。伟大的英国科学家詹姆斯·琼斯爵士（Sir James Jeans）在思考天体物理学和宇宙学深奥问题的间隙设计了一句话，对应于圆周率的十七个数位："How I need a drink, alcoholic of course, after all those lectures involving quantum mechanics." 一些记忆专家利用这种方法来记忆圆周率，他们精心设计了很长的故事，其中每个单词的字母数量可以使他们想起圆周率的下一个数位。凭借这种方法，加拿大人弗雷德·格拉哈姆（Fred

Graham）在1973年突破了1,000个数位的门槛。1978年，美国人戴维·桑克尔（David Sanker）攻克了10,000个数位。1980年，出生于印度的英国记忆大师克赖顿·卡维洛（Creighton Carvello）背出了圆周率的20,013个数位。

几年后，英国出租车司机汤姆·莫顿（Tom Morton）同样试图记忆20,000个数位，但他在12,000个数位处出了问题，因为他所准备的提示卡片上出现了一个打印错误。1981年，印度记忆专家拉詹·马哈德万（Rajan Mahadevan）突破了30,000个数位（他背出了31,811位）。1987年，日本记忆大师友寄英哲刚好背出了40,000个数位，再次刷新了世界纪录。今天，世界纪录的保持者是中国人吕超，他在2005年将圆周率背诵到了67,890位。

"被捕的马芝"的脚本是在1993年完成的，当时的世界纪录是友寄的40,000位。因此，阿普背诵40,000位圆周率的说法直接借用了当时世界最著名、最成功的圆周率记忆专家友寄的事迹，这也是对他的致敬。

这一集的脚本是由比尔·奥克利和乔希·温斯坦编写的。根据温斯坦的说法，当他和奥克利接到"被捕的马芝"脚本编写任务时，这一集的情节大纲已经制订好了："我们是初级编剧，所以我们会分到其他人不想做的脚本任务。以马芝为中心的脚本写起来很困难。荷马非常幽默，克拉斯蒂（Krusty）也是。相比之下，马芝的故事很难写，因此她的故事常常被推给我们这样的新人。"

温斯坦和奥克利拿到了"被捕的马芝"的基本框架。他们编写了详细的情节，设计了最主要的笑话，然后提交了脚本草稿。值得注意的是，当我见到他们的时候，温斯坦急切地指出，此时的脚本绝对没有提到圆周率。

他解释说，在最初的脚本中，当阿普走上证人席时，律师莱昂内尔·胡茨首先提出了与动画片中相同的问题："那么，纳哈撒皮马佩提伦先生（希望我没把你的姓氏读错），你是否忘记过某件事情？"

此时，阿普没有宣称自己能够背诵圆周率的四万个数位，而是表示自己在整个印度以令人难以置信的记忆力著称。实际上，在最初的脚本中，阿普发誓说，他被称为记忆先生，并且出演了关于自己非凡记忆力的四百多部纪录片。

所以，"被捕的马芝"最初的脚本中并没有提到圆周率和四万个数位，这也许并不奇怪，因为奥克利和温斯坦都没有数学背景。那么，这段数学内容是什么时候出现在脚本中的呢？

和往常一样，最初的脚本草稿得到了其他编剧的剖析和讨论，以便打磨故事，并在任何可能的地方插入更多的幽默元素。在这个过程中，温斯坦和奥克利的同事发现了在这一集中加入数学元素的机会。凭借一生中对于数学的兴趣，让知道圆周率的世界记忆纪录是四万个数位，因此他提议修改脚本，让阿普做出一个与世纪记忆纪录相匹配的声明。为了让这个声明具有一定的可信度，让建议让阿普说出第四万个小数位。

大家都认为这是一个好主意，但是没有人知道圆周率的第四万个小数位是多少。更糟糕的是，当时是1993年，万维网的普及度很低，谷歌还没有诞生，维基百科也没有出现。编剧们一致认为，他们需要专家的帮助，因此他们联系了当时在美国宇航局艾姆斯研究中心工作的优秀数学家戴维·贝利（David Bailey）。[①] 贝利做出了回应，他打印出了圆周率的四万个小数位，然后寄给了剧组。下面是圆周率的第39,990个小数位到第40,000个小数位。你可以看到，阿普关于最后一个数位是1的说法是正确的。

↓ 第40,000个小数位
···52473837651···

三年后，在"22个关于春田的短片"（1996）中，数学家贝利在美国宇航局工作的事情得到了提及。当春田最受人喜爱的酒鬼巴尼·冈布尔（Barney Gumble）闯进莫记客栈时，莫为他带来了一条坏消息："还记得吗？我曾说过，我向美国宇航局写了一封信，请他们计算你的酒吧账单……我今天收到了回信。你欠我七百亿美元。"

① 贝利为龙头算法的发明做出了贡献，这种算法被用于圆周率数位的计算中。龙头算法可以逐个数位地计算圆周率，就像水龙头一滴一滴地向下滴水一样。经过调整，龙头算法能够以完美的精度生成任意数位的值。所以，你可能认为贝利很容易利用他的算法得到第四万个数位。遗憾的是，贝利的算法只适用于十六进制，不适用于十进制。

阿普在"被捕的马芝"中关于圆周率的台词还对1996年的"无事生非"产生了影响。在这一集中，阿普透露了他的一些背景，他的过去需要与一个愿意将圆周率背诵到小数点后40,000位的人相配。因此，当阿普回忆他从印度来到美国的经历时，他告诉马芝："在来到这里之前，我刚刚从加尔各答理工学院毕业。和我同届毕业的有七百万名学生，我的成绩排在第一位。"

虽然加尔各答理工学院是虚构的，但加尔各答附近有一所技术学院，叫作孟加拉理工学院（Bengal Institute of Technology），它也许是阿普母校的灵感来源。这所学校的缩写是BIT。对于一所侧重于计算机科学和信息技术的大学来说，这个缩写非常恰当。我们还知道，阿普在美国就读于春田高地理工学院（Springfield Heights Institute of Technology），这所学校的缩写就非常不幸了。在弗林克教授的指导下，阿普花了九年时间开发了一个井字棋程序，获得了计算机科学博士学位。据说，这是世界首个井字棋程序，只有最优秀的人类棋手才能将其击败。

"无事生非"的编剧戴维·S.科恩认为阿普应该是一个计算机科学家，而不是数学家，因为科恩本人曾经是加州大学伯克利分校计算机科学专业的研究生，并且接触过一些印度同学。具体地说，阿普的背景故事基于科恩在伯克利最好的朋友之一阿舒·赖格（Ashu Rege）的真实经历。赖格后来进入了英伟达公司，该公司是计算机绘图行业的开创者。

· · ·

　　圆周率在《辛普森一家》中还有过一次值得注意的出场经历。在"丽莎的萨克斯"（1997）的结尾，荷马给丽莎买了一根萨克斯管，以培养她刚刚萌发的音乐才能。不过，在购买乐器之前，荷马和马芝曾经考虑把丽莎送进提灵汉姆小姐（Miss Tillingham）的"流涕女生和奶嘴男生学校"。在倒叙镜头中，我们看到荷马和马芝正在参观这所学校。他们在操场上遇到了两个神童，这两个孩子为一支拍手歌设计了新的歌词：

　　　　　　心画十字，以死起誓，
　　　　　　下面是组成圆周率的数字，
　　　　　　3.14159265358979323846…

　　阿尔·让巧妙地将上面这个数学元素穿插到了动画片中。乍一看，这段歌词似乎以毫无争议的方式呈现了世界上最著名的无理数。不过，经过进一步思考，我产生了一个疑问：为什么人们要以十进制来表示圆周率？

　　十进制是我们的标准计数制，第一个小数位表示十分之一（$1/10^1$），后面的小数位分别表示百分之一（$1/10^2$），千分之一（$1/10^3$），等等。我们的计数制之所以具有这种形式，是因为人类的两只手有十个手指。

不过，如果你仔细观察《辛普森一家》中人物的双手，你就会注意到，他们每只手只有四个手指，一共有八个手指。因此，春田的计数应该基于数字 8，形成一种完全不同的计数制（八进制）。这样一来，圆周率也会具有不同的表述形式（3.1103755242…）。

八进制并不重要，尤其是考虑到辛普森一家人和我们一样，都在使用十进制。不过，有两个问题仍然没有得到解决。首先，为什么春田居民只有八个手指？其次，既然《辛普森一家》中的人物只有八个手指，为什么他们会使用十进制？

导致《辛普森一家》的人物只有八个手指的"基因突变"来自大银幕动画的早期。1919问世的菲利克斯猫每只手只有四个手指。1928 年首次亮相的米老鼠也具有相同的特点。在被问及这只人形啮齿动物为什么少了一根手指时，沃尔特·迪士尼（Walt Disney）回答道："从艺术上说，老鼠的五根手指太多了，看上去就像是一把香蕉。"迪士尼还表示，简化的双手意味着动画制作人员的工作量变少了："从财务角度说，在组成一部六分半短片的 45,000 幅画中，如果每幅画少画一个手指，工作室可以节省几百万美元。"

由于这些原因，八根手指成了全世界动画片中人和动物的标准配置。唯一的例外是日本。在日本，四个手指具有不祥的含义：

数字4被人与死联系在一起，臭名昭著的黑社会团伙有时也会切下人们的小手指，作为惩罚或者对忠诚度的考验。因此，当英国动画片《巴布工程师》2000年卖到日本时，人们不得不对其进行修改，使人物获得足够的手指数量。

虽然日本人对于一只手四个手指的想法感到不舒服，但是对于《辛普森一家》中的人物来说，这是一种极为自然的状态。实际上，任何其他状态都会被视作异常现象。一个明显的例子出现在"我和马芝结婚"（1991）中。在这一集里，有一个片段讲述了巴特出生那天的故事。马芝向荷马询问他们的儿子好不好看，荷马回答道："嘿，只要他有八个手指和八个脚趾，我就满意了。"

另外，在"布维尔女士的情人"（1994）中，马芝母亲和荷马父亲的约会令荷马非常恐慌："马芝，如果他娶了你的母亲，我们就是兄妹了！还有我们的孩子，他们会成为拥有粉色皮肤、嘴不凸、每只手上长有五个手指的怪物。"

不过，我们知道，虽然春田的居民少了一根手指，但他们使用的是十进制，而不是八进制，因为他们将圆周率说成了3.141…那么，为什么每个人只有八个手指的社区会使用十进制呢？一种可能是，荷马和马芝的古代黄色祖先在计数时使用的不仅仅是手指。他们可以用八个手指和两个鼻孔计数。这听上去可能很奇怪，但是一些社会的确发展出了不仅仅基于手指的计数制。例如，巴布亚新几内亚的约普诺部落用身体的各个部位来表示1到33，先是手指，然后是鼻孔和乳头。最后的三个数31、32和33分别对应于左睾丸、右睾丸和"男性之物"。欧洲学者也发明了一些基于身体部位的计数制。例如，8世纪的英国神学家比德（Bede）发明了一种计数制，可以利用手势和人体解剖学的每一个小部位从1数到9,999。根据《亚历克斯漫游数字王国》作者亚历克斯·贝洛斯（Alex Bellos）的说法，比德的计数制"一半属于算术，一半属于摇摆爵士乐"。

除了用"手指鼻孔计数法"来解释《辛普森一家》使用十进制的原因，我们还可以考虑另一种理论。动画世界中的数字有没有可能不是由人类发明的，而是由更加高级的力量发明的？作为理性主义者，我往往会摒弃超自然的解释。不过，一个无法忽视的事实是，上帝曾多次在《辛普森一家》中出现。每一次，它都露出了十个手指。实际上，它是《辛普森一家》中唯一拥有十个手指的角色。

第 13 章

荷马³

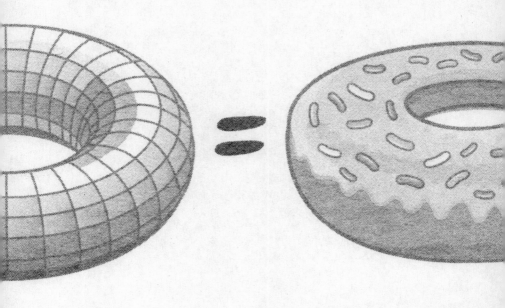

第一集"恐怖树屋"出现在《辛普森一家》的第二季。从那以后，"恐怖树屋"成了每年万圣节的传统节目。这些特别篇通常由三个小故事组成，它们可以打破春田的正常生活，将外星人和丧尸等奇特元素加入到故事情节之中。

　　作为最喜欢在《辛普森一家》中加入数学元素的编剧之一，戴维·S.科恩编写了"恐怖树屋六"（1995）的最后一个故事"荷马^3"。毫无疑问，在《辛普森一家》25年的历史中，这个故事以最为紧密、最为优雅的方式将数学元素融入到了剧情之中。

　　故事的开头很普通。荷马的大姨子帕蒂（Patty）和塞玛（Selma）突然来到辛普森家做客。荷马不想见她们，因此躲在了书架后面。在那里，他看到了一个神秘入口，入口另一边似乎是另一个世界。帕蒂和塞玛悦耳的声音越来越近。荷马听到她们说，她们想让所有人帮助她们清洁和整理她们收藏的贝壳。荷马在情急之下穿过了入口，离开了春田的二维环境，进入了令人难以置信的三维世界。新增加的维度令荷马极为困惑，他注意到了一些令人吃惊的事情："这里是怎么回事？我怎么胀鼓鼓的？我的肚子太突出了。"

　　这个三维世界的场景不是用《辛普森一家》的经典平面动画风格绘制的，它具有复杂的三维外观。实际上，这些场景是用最先进的计算机动画技术生成的。虽然这些场景的持续时间不到五分钟，但它们的制作成本远远超出了一集完整动画片的正常预算。幸运的是，太平洋数据影像公司为剧组提供了无偿服务，因为该公司意识到，《辛普森一家》可以为他们提供一个向全世界展示自身技术的平台。实际上，同年晚些时候，太平洋数据影像公司与梦工厂签订了协议，直接导致了《小蚁雄兵》和《怪物史莱克》

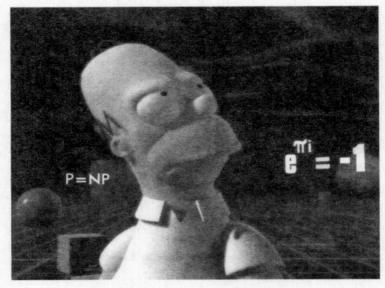

　　在"荷马³"中通过入口以后获得三维身体的荷马·辛普森。两个数学方程式飘浮在他身后很远的地方。

的诞生，开启了电影动画革命。

在这个全新的三维宇宙中，当荷马来到一个指示 x 轴、y 轴和 z 轴的路标跟前时，他暗示自己正站在有史以来最复杂的动画场景之中："啊，这个地方看上去很昂贵。我有这样一种感觉：光是站在这里，我就花费了很大一笔钱。好吧，我应该最大限度地对这个地方加以利用。"

荷马刚刚进入新环境时，他做了另一个中肯的评论："这很奇怪。这很像是《阴阳魔界》里的那个世界。"这说明"荷马 ³"是对《阴阳魔界》1962 年"丢失的女孩"一集的致敬。

在"丢失的女孩"中，小女孩蒂娜（Tina）的父母走进她的卧室，发现蒂娜不见了，感到非常不安。更可怕的是，他们仍然可以听到她的声音在他们周围回响。蒂娜失去了形体，但是保留了声音。她不在房间里，但她似乎就在附近。急于寻求帮助的父母找来了他们的好友、物理学家比尔。比尔用粉笔在卧室的墙上画出了一些坐标，以确定入口的位置，然后宣布蒂娜进入了第四维度。蒂娜的父母很难理解第四维度的概念，因为他们（以及所有人类）的大脑已经习惯了应对我们所熟悉的三维世界。

荷马不是从三维世界进入了四维世界，而是从二维世界进入了三维世界，但是"荷马 ³"中发生了一系列类似的事情。马芝无法理解荷马发生了什么，因为她可以听到他的声音，但是看不到他。马芝同样向科学家小约翰·内德尔鲍姆·弗林克教授寻求建议。

虽然弗林克教授具有古怪滑稽的性格，但是我们不应该低估他的智慧。实际上，"恐怖树屋十四"（2003）中的故事"弗林肯斯坦"清晰表明了他在科学上的学术水平。在这个故事中，弗林克获得了诺贝尔奖，向他颁奖的是1986年的诺贝尔奖获得者达德利·R.赫施巴赫（Dudley R. Herschbach），这个角色的配音演员正是赫施巴赫本人。①

和《阴阳魔界》中的物理学家一样，弗林克用粉笔画出了入口周围的轮廓，他的身旁还有内德·佛兰德斯、维古姆警长、拉夫乔伊牧师（Reverend Lovejoy）和希伯特医生，他们都是来帮忙的。接着，弗林克开始解释这起神秘事件："对于拥有双曲拓扑高级学位的群体来说，即使是最愚蠢的人也会清晰认识到，荷马·辛普森闯入了……第三维度。"

弗林克的说法意味着《辛普森一家》中的人物生活在二维世界之中，因此他们很难想象第三维度。实际上，春田的动画现实比二维世界稍微复杂一些，因为我们经常看到荷马和他的家人在对方前面和后面穿过去。在严格的二维世界里，这是不可能发生的。不过，如果仅仅考虑"恐怖树屋"中的这个故事，我们可以假设弗林克的说法是正确的，《辛普森一家》中只存在

---

① 弗林克的获奖见证人包括他死而复生的父亲，为这个角色配音的是具有传奇色彩的喜剧演员杰里·刘易斯（Jerry Lewis）。这形成了一种声音循环。刘易斯为老弗林克配的声音基于汉斯·阿扎里亚为小弗林克配的声音，后者则是基于刘易斯在《肥佬教授》中扮演的主要角色。

两个维度。让我们看看他是怎样用黑板上的图示解释更高维度的：

弗林克教授：这是一个普通的正方形。

维古姆警长：吁，吁！慢点，书呆子！

弗林克教授：假设我们超越目前的二维世界，沿着假想
的 z 轴拓展这个正方形……这样。

大家：［目瞪口呆］

弗林克教授：我们会得到一个三维物体，叫作立方体。为
纪念它的发现者，我们也可以称之为弗林克
多面体。

　　弗林克解释了二维和三维的关系。实际上，他的方法可以用
于解释所有维度之间的关系。

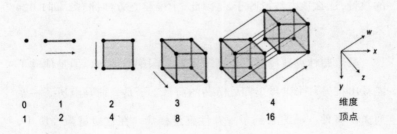

　　首先，在零维世界里，我们拥有一个零维点。我们可以将这
个点沿着x轴拉出一条轨迹，形成一条一维的直线。接着，我们
可以沿着与直线垂直的y轴拉动这条一维直线，形成一个二维的

正方形。弗林克教授的解释就是从这里开始的，因为我们可以沿着与正方形垂直的 z 轴拉动这个二维正方形，形成一个三维立方体（又叫弗林克多面体）。最后，我们可以进一步沿着另一个与立方体垂直的方向（图中为 w 方向）拉动立方体，形成一个四维立方体。即使我们无法在物理上做到这一点，我们也可以在数学上做到这一点。四维和更多维度的立方体叫作超立方体。

四维超立方体的图示仅仅是一个草图，相当于用简单的线条画来呈现米开朗琪罗的大卫雕像。不过，这种用线条描绘的超立方体代表了一种新的模式，可以用于解释四维甚至更多维度中的几何形状。让我们考虑各个维度的物体所拥有的端点或角（即顶点）的个数。随着维度的增加，端点个数遵循一种简单的模式：1、2、4、8、16……换句话说，如果用 d 来表示维度的数量，那么顶点数量等于 2^d。因此，十维超立方体拥有 2^{10} 即 1,024 个顶点。

虽然弗林克教授对于更高维度拥有深刻的理解，但是他并不能救出在另一个世界里四处游荡的荷马。于是，荷马经历了一系列离奇事件，最终来到了一家性感蛋糕店。在这段冒险经历中，荷马遇到了一些出现在三维世界之中的数学片段。

例如，在荷马进入新世界后不久，他看到远处漂浮着一系列看上去毫无规律的数字和字母：46 72 69 6E 6B 20 72 75 6C 65 73 21。实际上，它们是十六进制数字。十六进制数是用数字 0

到9以及六个字母A到F来表示的，其中A=10，B=11，C=12，D=13，E=14，F=15。每对十六进制数字代表ASCII（美国信息交换标准码）中的一个字符。美国信息交换标准码是一种将字母和标点符号转换成数字的协议，主要用于计算机。根据这种协议，46表示"F"，72表示"r"，等等。经过转换，我们可以发现，这段十六进制序列是对书呆子的大胆赞美："Frink rules!"

过了不久，三维背景中出现了第二个数学元素，它是由编剧戴维·S.科恩提供的：

$$1{,}782^{12}+1{,}841^{12}=1{,}922^{12}$$

第3章讨论过，科恩在"常青平台的巫师"中为费马大定理设计了一个错误解，这里是另一个错误解。这些数字得到了精心选择，以便使等式两边近似相等。如果我们将前两项之和与第三项进行比较，我们就会得到两个前九位完全相同的结果，见下面的粗体字：

$$1{,}025{,}397{,}835{,}622{,}633{,}634{,}807{,}550{,}462{,}948{,}226{,}174{,}976\ (1{,}782^{12})$$
$$+1{,}515{,}812{,}422{,}991{,}955{,}541{,}481{,}119{,}495{,}194{,}202{,}351{,}681\ (1{,}841^{12})$$
$$=2{,}541{,}210{,}258{,}614{,}589{,}176{,}288{,}669{,}958{,}142{,}428{,}526{,}657$$
$$2{,}541{,}210{,}259{,}314{,}801{,}410{,}819{,}278{,}649{,}643{,}651{,}567{,}616\ (1{,}922^{12})$$

这意味着等式两边的差异只有0.00000003%，但这足以使其成为错误解。实际上，我们可以通过某种方法迅速发现 $1{,}782^{12}+1{,}841^{12}=1{,}922^{12}$ 是错误解，不需要进行任何烦琐的计算。这种方法的关键在于，等式左边是偶数（1,728）的12次方与奇数（1,841）的12次方相加，右边是偶数（1,922）的12次方。这里的奇偶性很重要，因为奇数的任何次幂都是奇数，偶数的任何次幂都是偶数。由于偶数与奇数之和一定是奇数，因此等式左边必然是奇数，而等式右边一定是偶数。因此，下面的解显然是不成立的：

$$偶数^{12}+ 奇数^{12}= 偶数^{12}$$

如果你眨眨眼，你就会错过荷马的三维世界中另外五个一闪而过的元素，它们都是对书呆子的致敬。第一个元素是一只看上去很普通的茶壶。它与书呆子有什么关系呢？1975年，当犹他大学图像研究先驱马丁·纽厄尔（Martin Newell）想要渲染一个由计算机生成的物体时，他选择了这个家庭用品；它相对简单，但也具有挑战性，比如把手和弧度。从那以后，这只"犹他茶壶"成了展示计算机图像软件的行业标准。《玩具总动员》的茶会、《怪兽电力公司》中阿布（Boo）的卧室以及其他几部电影里也出现了这种样式的茶壶。

　　第二个致敬元素是在空中飞过的数字 7、3 和 4，它们是为本集动画制作计算机图像的太平洋数据影像公司（Pacific Data Images）的首字母编码。在电话拨号盘上，这些数字分别与字母 *P*、*D* 和 *I* 对应。

　　第三个一闪而过的数学元素是一个宇宙学不等式（$\rho_{m0} > 3H_0^2/8\pi G$），它描述了荷马所在世界的密度。这个不等式是由科恩的老朋友、天文学家戴维·希米诺维奇提供的，它意味着这个世界的密度很高，物体之间的引力最终会导致世界坍缩。实际上，这正是这段故事结尾处发生的事情。

　　就在荷马的世界消失之前，科恩为眼尖的观众准备了一些特别有趣的数学元素。在 222 页的图片中，我们可以在荷马的左肩上方看到排列方式稍有变化的欧拉方程。这个方程同样出现在了"金钱巴特"中。

　　最后，在同一个镜头上，我们可以在荷马右肩上方看到关系式 P=NP。大多数观众不会注意到这几个字母，更不要说对其进行思考了。不过，P=NP 是对理论计算机科学领域最重要的未解决问题之一的陈述。

　　P=NP 涉及两类数学问题。P 表示多项式，NP 表示非确定性多项式。简单地说，P 类问题很容易解决，NP 类问题很难解决，但是很容易检验。

　　例如，乘法很容易，因此被归为 P 类问题。当两个乘数变大时，计算结果所需要的时间只会以相对温和的方式增长。

相比之下，因数分解则是NP类问题。对一个数进行因数分解意味着找到它的因数。对于较小的数来说，这很简单。不过，当需要分解的数变大时，因数分解的任务会迅速变得不切实际。例如，如果让你对21进行因数分解，你会立即给出答案：21=3×7。不过，对428,783进行因数分解要困难得多。实际上，在使用计算器的情况下，你可能需要一个小时左右的时间才能发现428,783=521×823。另一方面，如果有人把521和823这两个数告诉你，你可以在几秒钟时间里验证它们是正确的因数。所以，因数分解是一个经典的NP类问题：对于大数来说，这类问题很难求解，但是很容易检验。

或者……因数分解是否并不像我们现在认为的那样困难？

数学家和计算机科学家面对的基本问题是，因数分解是否真的很难？我们是否错过了可以简单解决这个问题的方法？同样的疑问也适用于其他许多所谓的NP类问题——这类问题是否真的很难？或者，我们是不是不够聪明，还没有找到可以简单解决这类问题的方法？

这个问题的意义并不仅仅局限于学术领域，因为一些重要技术也要依赖NP类问题难以解决的特点。例如，一些已经获得广泛使用的加密算法取决于大数难以进行因数分解的假设。事实上，如果因数分解本质上并不困难，而且有人发现了简化因数分解的方法，那么这些加密系统就会受到不可忽视的影响。相应地，无论是个人网上购物行为，还是国际层面的政治和军事交流，一切信息的安全性都有可能受到影响。

这个问题常常被总结为"P=NP还是 P≠NP？"也就是说，看似困难的问题（NP）未来是否会和简单的问题（P）一样简单？

这是数学家最想回答的问题之一，有人甚至对其进行了悬赏。2000年，慈善家兰登·克莱（Landon Clay）在马萨诸塞州坎布里奇市成立的克莱数学研究所将这个问题列为七个千年悬赏问题之一。如果有人对于"P=NP还是 P≠NP"这个问题给出明确的答案，他就可以获得100万美元的奖励。

戴维·S.科恩在加州大学伯克利分校攻读硕士期间曾经研究过P类问题和NP类问题，他有一种预感：NP类问题并不像我们目前认为的那样困难。这就是荷马所在的三维世界中出现P=NP的原因。

不过，科恩的观点只得到了少数人的赞同。2002年，马里兰大学计算机科学家威廉·加萨奇（William Gasarch）对一百位研究人员进行了问卷调查，发现只有9%的人认为P=NP，同时有61%的人支持P≠NP。加萨奇在2010年进行了同样的调查。这一次，有81%的人支持P≠NP。

当然，数学真理不是由支持者的人数决定的。不过，如果事实证明大多数人的观点是正确的，那么科恩在"荷马³"中放置的 P=NP 看上去就会有些不协调。幸好，这个镜头在短期内不会成为瑕疵，因为半数接受调查的数学家认为，这个问题在21世纪内不会得到解决。

最后，"荷马³"中还有一个值得一提的数学元素。准确地说，这个元素不在"荷马³"的故事中，而是出现在"恐怖树屋六"的整体致谢名单中。《辛普森一家》万圣节特别篇的致谢名单一直都很古怪。例如，马特·格罗宁曾被写作巴特·格罗宁（Bat Groening）、拉特·格罗宁（Rat Groening）、马特·幽灵先生·格罗宁以及病态·马特·格罗宁。

这一传统借鉴自漫画书《慑魄惊魂》，该书经常在致谢名单中对编剧和画师的名字进行改动。1954年，参议院青少年犯罪委员会举行了漫画书听证会，认定 EC 漫画出版的《慑魄惊魂》和其他作品在一定程度上腐蚀了美国的青少年，EC 漫画由此变得声名狼藉。此后，所有漫画中的丧尸、狼人和类似内容均被删除。这些限制条件导致《慑魄惊魂》在1955年停刊。不过，《慑魄惊魂》仍然拥有许多粉丝，其中大多数人是在这部漫画夭折以后出生的。阿尔·让就是这些粉丝中的一员，他建议剧组在"恐怖树屋"系列中模仿这种改动工作人员姓名的做法，以便向《慑魄惊魂》致敬。

因此，"恐怖树屋六"的致谢名单中包括布拉德·穿刺者·伯德（Brad "the Impaler" Bird）、变狼狂·李·哈廷（Lycanthropic Lee

Harting）和沃特萨·马塔·U.格罗宁（Wotsa Matta U. Groening）。如果你观察得非常仔细，你会发现一个可爱的等式，它把毕达哥拉斯定理与"荷马³"的编剧结合在了一起：

$$戴维^2 + S.^2 = 科恩^2$$

测试四

笑话 1　问：什么是北极熊 (polar bear)？　　　　　　　　2分
　　　　答：经过坐标变换的矩形熊。

笑话 2　问："七个里亚尔！七个里亚尔！"是怎么回事？　2分
　　　　答：是鹦鹉的错误。

笑话 3　罗素对怀特海说："我要死在哥德尔的手上了！"　3分

笑话 4　问：什么东西是棕色的，有毛，喜欢跑向大海，　2分
　　　　并且等价于选择公理？
　　　　答：佐恩的旅鼠 (lemming)[1]。

笑话 5　什么东西是黄色的，并且等价于选择公理？　　　2分
　　　　答：佐恩的柠檬。

笑话 6　问：为什么你对插值函数的准确性要求越高，　3分
　　　　计算成本就越高？
　　　　答：因为这是样条需求定律。

---

[1]　此处与下一道题中的佐恩的柠檬（lemon）都与佐恩引理（Zorn's lemma）谐音。——译者注

笑话7　两位数学家艾萨克和戈特弗里德在酒吧里喝酒。　　6分
　　　　艾萨克对于公众普遍缺乏数学知识的现象提出
　　抱怨。不过，戈特弗里德的想法更加乐观。当
　　艾萨克去洗手间时，为了证明自己的观点，戈
　　特弗里德叫来了酒吧女招待。他解释说，当艾
　　萨克回来时，他会问她一个问题，她只需要回
　　答"三分之一 x 的立方"。
　　女招待说："桑风之一 x 的什么？"
　　戈特弗里德缓慢地重复了一遍："三分……之
　　一……x 的……立方。"
　　女招待似乎听懂了，她一边不断嘟囔着"桑风
　　之一 x 的立方"，一边走开了。
　　艾萨克回来了。他和戈特弗里德喝了一杯酒，然
　　后谈起了同样的话题。最后，戈特弗里德把酒吧
　　女招待叫了过来，以证明他的观点："艾萨克，
　　让我们做个实验吧。小姐，我能否向您提出一个
　　简单的微积分问题？x^2 的积分是多少？"
　　酒吧女招待挠了挠头，停了一会儿，然后慢吞
　　吞地说："桑风……之一……x 的立方。"戈特
　　弗里德得意地笑了。不过，在酒吧女招待离开
　　之前，她看着两位数学家，说道："……加上
　　一个常数！"

　　上面是《飞出个未来》剧中人物。从左到右，他们分别是：扎普·布兰尼根（Zapp Brannigan，二十五星上将，灵光号星际飞船船长）、莫姆（Mom，莫姆公司的马基雅利式所有者）、休伯特·杰·法恩斯沃思教授（Professor Hubert J. Farnsworth，160 岁的行星快递公司创始人）、莉拉（Leela，行星快递号飞船船长）、班德（Bender，生活放

荡的机器人）、飞利浦·杰·弗莱（Philip J. Fry，20世纪和31世纪的送货员）、佐艾伯格（Zoidberg，行星快递公司的医生，来自十足类十号行星）、基夫·科洛克（Kif Kroker，灵光号船员，喜欢艾米）、艾米·王（Amy Wong，行星快递号船员，喜欢基夫）。

第14章

《飞出个未来》的诞生

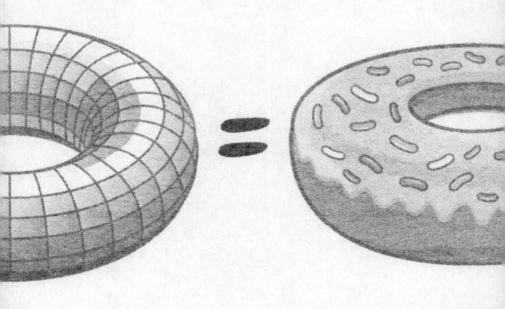

1995年10月，当"荷马³"的播出使《辛普森一家》达到新的数学高度时，马特·格罗宁开始专注于另一个项目。基于他的第一部电视动画情景喜剧在全球范围内取得的巨大成功，福克斯公司要求他制作一部姐妹篇。

于是，格罗宁在1996年与戴维·S.科恩结成了团队，以便制作一部科幻动画片。科恩是格罗宁的天然盟友，因为他小时候看过《星际迷航》的重播版，从此一直非常喜爱科幻作品。科恩还非常尊重科幻文学领域的杰出人物，比如亚瑟·C.克拉克（Arthur C. Clarke）和斯坦尼斯瓦夫·莱姆（Stanislaw Lem）。所以，对科恩来说，重视科幻是这部情景喜剧的一个重要出发点："马特·格罗宁和我很早就做出了不要让剧情过于愚蠢的决定。我们想要制作有趣的科幻动画，但我们并不需要取笑科幻。"

科恩还拥有必要的学术知识，可以应对科幻冒险中无法回避的技术问题，比如如何在合理的时间之内进行跨星际旅行。这是科幻作品中的一个常见问题，因为飞船或者其他交通工具不可能超越光速，而以光速前往最近的螺旋星系需要两百多万年的时间。

科恩想出了两个办法，可以让剧中角色以合理的时间在星际之间旅行。一种解决方案是宣布科学家在2208年成功提高了光速。另一个更加不讲理的解决方案是引入一种发动机，这种发动机不是为它所在的飞船加速，而是为它周围的空间加速，从而突破光速。

格罗宁和科恩共同设计了一系列故事情节，这些情节围绕飞利浦·杰·弗莱的冒险经历展开。弗莱是纽约市的比萨饼送餐员，他在2000年的最初几个小时接受了低温冷冻。一千年后，弗莱在纽约市复活了，他盼望着在31世纪过上新的生活，认为自己未来的工作将比过去的工作更有价值。遗憾的是，他发现自己即将被人植入职业芯片，然后继续从事送货员的工作。唯一的不同是，他不是在纽约给人们送比萨饼，而是成了行星快递公司的星际送货员。

接着，格罗宁和科恩为行星快递公司设计了其他成员。在弗莱的新同事中，最引人注目的是莉拉和班德，前者是一只眼的变异人，她将反复伤害弗莱的感情；后者是机器人，拥有盗窃、赌博、作弊、喝酒等嗜好。片中的其他人物包括休伯特·杰·法恩斯沃思教授（160岁的行星快递公司创始人）、约翰·A.佐艾伯格医生（Dr. John A. Zoidberg，行星快递公司的外星人医生，长得很像龙虾）、赫米斯·康拉德（Hermes Conrad，前奥运会林波舞冠军，公司会计）以及艾米·王（实习生）。

这部动画片的规划在许多方面与基于工作场所的经典情景喜

剧非常类似，比如美国的《出租车》和英国的《IT狂人》。唯一
的区别是，《飞出个未来》可以设计任何天马行空的故事情节，
因为行星快递号船员在宇宙中四处投递包裹时可以在各种奇怪的
星球上遇到各种奇奇怪怪的外星人和问题。

虽然这部动画片最初获得了福克斯的关注，但是格罗宁很快
意识到，福克斯的高管对于这些古怪而不协调的人物及其宇宙冒
险并不感兴趣。接着，当福克斯试图干预时，格罗宁表现得尤其
强势。随着压力的增长，格罗宁的立场变得更加坚定。最终，在
被格罗宁称为"我迄今为止的成年生活中最糟糕的经历"结束后，
他取得了胜利，新的动画片获得了与《辛普森一家》相同的委托
条件，编剧享有动画片的控制权。

在获得公司认可以后，动画片被命名为《飞出个未来》，
这是1939年纽约世界博览会上一场带着游客游历"未来世界"
的展览的名称。接着，格罗宁和科恩开始招募新的编剧团队，
因为他们已经暗中和公司约定，《飞出个未来》不会从《辛普
森一家》团队挖人。不出意料，《飞出个未来》招收的一些编
剧拥有计算、数学和科学等领域的学术背景。其中，比尔·奥登
科克（Bill Odenkirk）拥有芝加哥大学有机化学博士学位。实
际上，他是制作塑料的催化剂2,2'-双（2-萘基）联苯的发明
人之一。

在招聘过程中，动画片的编剧获得了加入工会的资格。由于

工会中已经有一个名叫戴维·S.科恩的人了，而且加入工会的编剧不能重名，因此《飞出个未来》的编剧科恩把他的名字改成了戴维·X.科恩。这个 X 不是缩写，而是简洁地概括了科恩的一些主要兴趣，比如科幻和数学——科恩不仅喜爱 X（《X 档案》），而且喜爱 x（代数）。

《飞出个未来》第一集播出于 1999 年 3 月 28 日。每个人都认为这部新的科幻片将会包含许多科学元素。不过，更加博学的观众很快注意到，片中同样包含许多高质量的书呆子元素。

例如，在第三集"我，室友"（1999）中，弗莱决定与满嘴脏话、脾气暴躁的机器人班德住在一起。在他们的新家里，墙上挂着一幅带有边框的十字绣，上面绣着：

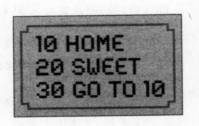

这里使用了 BASIC（初学者通用符号指令代码）计算机编程语言，其中每个指令拥有一个序号，各指令按序号排列。GOTO 指令在 BASIC 中很常见。在这里，"30 GOTO 10"指令意味着回到 10 行。因此，这幅十字绣传达了"Home sweet home"（甜蜜之家）这一消息。如果我们严格按照逻辑考虑这幅十字绣，那么它的内容应该是"Home sweet home sweet home sweet home..."

由于这个关于BASIC的笑话只是画面背景的一部分，因此它符合《飞出个未来》编剧室的第一规则：深奥的典故不得妨碍剧情。一个类似的隐晦笑话出现在"火星大学"（1999）中。在这一集里，我们可以看到一个一闪而过的黑板，上面写着一些与"超对称弦论"这一与粒子物理分支有关的深奥方程。在《飞出个未来》中，这种理论被称为"超级对称弦论"。在这里，最主要的笑点是一幅被标注为"威滕的狗"的示意图，它顽皮地影射了埃德·威滕（Ed Witten）和薛定谔的猫。

埃德·威滕是超弦理论的先驱之一，被人们普遍视作世界上仍然健在的最伟大的理论物理学家以及从未获得诺贝尔奖的最聪明的科学家。不过，威滕至少获得了在《飞出个未来》中得到提及的荣誉，这也算是一种补偿吧。薛定谔的猫是一个著名的思想实验，它不是在实验室里完成的，而是我们用想象完成的。埃尔温·薛定谔曾在1933年获得诺贝尔物理学奖，他提出了一个问题：如果把一只猫、一些放射性物质以及一个由不可预测的放射性衰变触发的毒药装置放在一个木盒里，会发生什么呢？一分钟后，这只猫的生死如何？盒子里是否发生了触发毒药装置的放射性衰变？如果是在19世纪，科学家会说，这只猫要么死了，要么活着，但是我们不知道它的死活。不过，在20世纪初期，新出现的量子世界观提出了不同的解释。特别是，哥本哈根学派提出了一个奇特的观点：这只猫处于叠加态之中，它既是死的，也是活的……只有打开盒子，情况才能确定。

薛定谔和他的猫还出现在了另一集"法律和神谕"（2011）之中。交通警察对超速的薛定谔进行了追捕。最终，薛定谔撞车了。当他从汽车残骸中走出来时，警察向他询问了汽车里的盒子。两个警察分别是URL（读作厄尔）和弗莱，后者暂时离开了行星快递公司。

URL：　　盒子里什么是，薛定谔？

薛定谔：嗯……一只猫，一些毒药，还有一个铯原子。

弗莱：　　那只猫！它是死是活？是死是活？！

URL：　　回答他，傻瓜。

薛定谔：在你打开盒子并使波函数坍缩之前，那只猫同时处于两种状态。

弗莱：　　胡说。

　　　　　［弗莱打开盒子，一只猫跳了出来，并且袭击了他。URL 仔细端详盒子。］

URL：　　这里面还有许多药品。

当然，本书谈论的是数学，不是物理。所以，我们现在应该关注《飞出个未来》中涉及各种数学元素的几十个场景，其中既有复杂的几何学，又有令人难以置信的无穷问题。一个场景出现在"喇叭声"（2000）中。在这一集里，机器人班德回到了已故的弗拉基米尔（Vladimir）叔叔的幽灵城堡，以便参加弗拉基米尔的遗嘱宣读会。当班德和朋友们坐在图书馆里的时候，墙上出现了用血写成的0101100101几个数字。此时，班德并未惊慌失措，而是感到非常困惑。不过，当他从镜子里看到这些数字——1010011010——时，他立即被吓到了。

虽然片中的对白没有给出任何解释，但是熟悉二进制的观众完全可以理解这个镜头的可怕之处。墙上的二进制数0101100101相当于十进制中的357。这个数没有令人不快的含义。不过，它在镜中的影像是一个令人毛骨悚然的数字。我们可以按照下面的方式将1010011010从二进制转换成十进制：

二进制数	1	0	1	0	0	1	1	0	1	0
	×	×	×	×	×	×	×	×	×	×
位值	2^9	2^8	2^7	2^6	2^5	2^4	2^3	2^2	2^1	2^0

$$总和 = 512 + 0 + 128 + 0 + 0 + 16 + 8 + 0 + 2 + 0$$
$$= 666$$

当然，666永远都会被与魔鬼联系起来，因为它是野兽之数。所以，1010011010也许应该被称为"二进制野兽之数"。

数学家通常并不以喜爱恶魔命理学和崇拜魔鬼著称，但他们却非常喜爱666。他们甚至找出了一个包含666的质数：1,000,000,000,000,066,600,000,000,000,001。这个数被人们称为贝尔菲戈尔质数，以纪念地狱七王子之一。这个臭名昭著的质数不仅将野兽之数666放在了中间，而且两边各有十三个不吉利的零。

"喇叭声"中倒置的隐性信息效仿了1980年的经典恐怖电影《闪灵》。在电影的一个著名桥段中，一个名叫丹尼（Danny）的孩子走进母亲的卧室，用口红在门上草草写下了REƆЯUM。母亲醒来后，发现丹尼站在床边，手里拿着一把刀。接着，她瞥见了梳妆台的镜子里映出的文字：MURDEЯ（谋杀）。

用二进制倒着写成的666是一个漂亮的数学密码。实际上，《飞出个未来》中有许多密码信息。这些信息展示了密码学的各种原则。密码学是研究密码制作和密码破译的应用数学分支。例如，一些剧集中的广告牌、纸条或涂鸦中包含了外星文字。最简单的外星文字出现在"致命检查"（2010）中。在这一集里，我们看到了这样一张纸条：

密码学家将其称为替代密码，因为英文字母表中的每个字母被替换成了不同的符号，在这里是外星符号。这类密码最初是由9世纪阿拉伯数学家阿布·阿尔–肯迪（Abu al-Kindi）攻克的。肯迪意识到，每个字母拥有自己的内在特点。而且，在密码信息中代替某个字母的符号继承了这个字母的特点。我们可以通过观察这些特点来破译密码信息。

例如，频率是字母的一个重要特点。*e*、*t* 和 *a* 是英语中出现频率最高的三个字母，而上述外星消息中最常见的符号是↓和✧，这两个符号均出现了六次。因此，↓和✧很可能代表了 *e*、*t* 或 *a*。不过，哪个符号代表哪个字母呢？一个有用的线索出现在第一个单词⊙✧✧✕中，这个单词里重复出现了两个✧。符合 "*aa*" 或 "*tt*" 模式的单词非常少见，但许多单词具有 "*ee*" 的形式，比如 *been*、*seen*、*teen*、*deer*、*feed* 和 *fees*。因此，我们可以假设 ✧=*e*。只需稍加研究，我们就可以破解这条信息：Need extra cash? Melt down your old unwanted humans. We pay top dollar. 利用另外一两条消息，我们就可以破译从 A（↓）到 Z（↻）的所有外星字母。

A	B	C	D	E	F	G	H	I	J	K	L	M	N	O	P	Q	R	S	T	U	V	W	X	Y	Z

不出所料，精通数学的《飞出个未来》粉丝认为这段外星密

码破解起来毫不费力。因此，杰夫·韦斯特布鲁克（同时参与《飞出个未来》和《辛普森一家》的编剧）提出了一种更为复杂的外星密码。

韦斯特布鲁克重新发现了文本自钥密码，它与意大利文艺复兴时期最伟大的数学家之一吉罗拉莫·卡尔达诺（Girolamo Cardano，1501—1576）首先设计出的一种密码非常类似。这种密码首先为字母表中的每个字母分配数字：A=0，B=1，C=2，D=3，E=4……Z=25。在这个准备步骤过后，编码只需要两个步骤。首先，将每个字母替换成所有单词到这个字母为止所有字母的数值之和（包括这个字母本身）。例如，BENDER OK 的转换方式如下：

字母	B	E	N	D	E	R	O	K
数值	1	4	13	3	4	17	14	10
总和	1	5	18	21	25	42	56	66

第二个（最后一个）编码步骤是将每个累加值替换成下表中的对应符号：

这里只有 26 个符号，对应于 0 到 25。那么，累加值分别是 42、56 和 66 的 R、O 和 K 用哪些符号表示呢？这里的规则是，大于 25 的数将被反复减掉 26，直到进入 0 到 25 的区间。因此，要想找到表示 R 的符号，我们用 42 减掉 26，得到 16，对应于 人。对后面两个字母使用同样的规则，我们可以将 BENDER OK 编码为 ᕐᐯ╱ᐸᐃ人ᐸᐯ。

不过，如果前面还有其他单词，BENDER OK 就会具有不同的编码，因为每个字母的累加值都会受到影响。因此，韦斯特布鲁克的自钥密码极难破译。他将这种密码用在了一些剧集的各种文本之中，它们为那些喜欢在《飞出个未来》中破译密码的粉丝带来了很大的挑战。实际上，直到一年以后，才有人弄清了自钥密码的具体原理，破译出了各种消息。

• • •

观众可能期待着在《飞出个未来》的"达·芬奇密码"（2010）一集中看到一些具有挑战性的密码，不过这一集最有趣的数学元素涉及另一个完全不同的数学分支。在这一集中，行星快递团队分析了列奥纳多·达·芬奇（Leonardo da Vinci）的油画《最后的晚餐》，并且注意到了坐在桌子最左边的门徒小雅各（James the Lesser）的一些奇特之处。高能 X 射线显示，达·芬奇最初将雅各画成了木制机器人。为了弄清雅各是否真的是远古时代的机器人，一行人来到了未来的罗马，找到了圣雅各的坟墓。值得注意的是，他们在地下洞穴里发现了一段比较神秘的铭文：

$$\text{II}^{\text{XI}} - (\text{XXIII} \cdot \text{LXXXIX})$$

乍一看，这些罗马数字很像日期。不过，如果仔细观察，我们可以看到，这段铭文中包含括号、减号以及代表乘号的圆点。我们甚至可以看到两个罗马数字排列成了乘方的形式（II^{XI}），这很不同寻常。如果将所有这些罗马数字转换成我们更加熟悉的阿拉伯数字，我们就可以理解这段铭文了：

$$\text{II}^{\text{XI}} - (\text{X X X III} \cdot \text{L X X X IX})$$
$$2^{11} - (23 \times 89)$$

由于 $2^{11}=2,048$，$23 \times 89=2,047$，因此二者之差等于1。这没有什么特别之处。不过，如果我们将等式补充完整，并且稍微对其进行重新排列，那么它看上去可能就比较熟悉了：

$$2^{11} - (23 \times 89)=1$$
$$2^{11}-1=(23 \times 89)$$

$$2^{11}-1=2,047$$

我们现在可以看到，2,047符合2^p-1的一般形式，其中p可以是任意质数。在这里p等于11。第8章介绍过，2^p-1有时可以用一个质数生成另一个质数，后一个质数被称为梅森质数。$2^{11}-1$的有趣之处在于，它的结果2,047显然不是质数，而是23和89的乘积。实际上2,047是具有2^p-1形式的最小合数。

这个梗满足经典定格笑话的两个重要标准。首先，这段晦涩的铭文对于剧情没有任何影响，仅仅是编剧们开的一个数字玩笑。其次，在出现铭文画面的短暂时间里，观众不可能写下这些罗马数字，将其转换成阿拉伯数字，然后理解它的含义。

另一个定格笑话出现在"把你的头靠在我的肩上"（2000）中。当班德成立电脑婚姻介绍所时，他在招牌上将他的服务描述为"谨慎而离散"。"谨慎"意味着班德尊重顾客的隐私，这是婚姻介绍所应有的特点。不过，对于婚介所来说，"离散"是一个出人意料的形容词，因为数学界用它来描述数据变化不平滑或不连续的研究领域。翻转薄饼属于离散数学，因为我们可以考虑一次翻转或两次翻转，但是我们无法考虑一次半翻转或者任何分数次翻转。这个定格笑话的灵感可能来自一个关于离散数学的老笑话：

问：你怎样称呼一个拥有许多浪漫的联系人，但是不喜欢

　　　　谈论这件事的数学家？

　　答：离散数据。[1]

　　《飞出个未来》中的其他一些定格笑话与符号有关，比如"重生"（2010）中的 $1^2 2^1 3^3$ 工作室。实际上，$1^2 2^1 3^3=1×2×27=54$。所以，这里说的是"54工作室"，这是20世纪70年代纽约的一家著名夜总会。类似地，我们可以在"失去寄生虫"（2001）中瞥见一个标牌，上面写着"历史 $\sqrt{66}$"（而不是"历史公路66号"）[2]；"未来股票"（2002）中还有一条不合理的第 π 大道。当我们看到这些数学笑话时，我们很容易认为它们很肤浅。不过，在许多时候，编剧对于这些笑话背后的思想进行了深入思考。在《飞出个未来》中多次出现的麦迪逊立体花园就是一个很好的例子。当戴维·X.科恩提出在30世纪将纽约麦迪逊广场花园替换成麦迪逊立体花园的想法时[3]，他们遇到了一个问题：在《飞出个未来》的设定中，这个花园应该具有怎样的外形？一个简单的想法是将其设计成立方体运动场，包括一个底面、四面墙壁和一个平面玻璃屋顶。不过，肯·基勒及其编剧同事J.斯图尔特·伯恩斯决定研究一下立方体的几何形状，看看能否以更加有趣的方式定位和设计麦迪逊立体花园。结果，他们较起了真，将其他编剧晾在了一边，

---

① 　与"互不相关的约会"谐音。——译者注
② 　"根号"与"公路"谐音。——译者注
③ 　"广场"的原文 square 有"平方"的含义，而"立体"的原文 cube 则有"立方"的含义。——译者注

花了几个小时的时间研究立方体的几何性质。

在对结果没有过多考虑的情况下，伯恩斯和基勒开始研究切割立方体可能形成的横截面。例如，如果沿水平方向将立方体切成两个相等的部分，我们可以得到正方形横截面。相比之下，如果从顶部的一条边沿对角线方向切到底部的边，得到的横截面就是长方形。如果砍掉一个角，横截面是三角形。根据切割角度的不同，这个三角形可以是等边三角形、等腰三角形或不等边三角形。

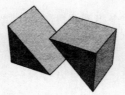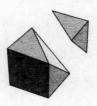

在好奇心的驱使下，伯恩斯和基勒开始考虑是否可以得到更加奇特的横截面形状。两个人把画板放在一边，开始用纸制作立方体，然后将其切开。经过大量辩论和折纸工作，伯恩斯和基勒有了一个重大发现。他们最终意识到，他们可以通过某个角度将立方体一次切割出六边形的横截面，尽管这听上去令人难以置信。想象你在相邻两条边的中点之间画一条线，如下页示意图立方体上的短划虚线所示。接着，再在与之相对的平面上与之相对的角部画一条线。最后，将立方体从短划虚线到点虚线切成两半，得到的横截面是一个正六边形。这个横截面有六条边，因为这一刀穿过了立方体的所有六个面。

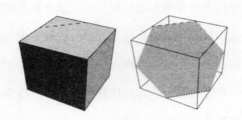

　　我们还可以通过另一种方式获得这个横截面。想象你把棉线系在一个角上，将立方体悬挂起来。接着，沿着水平方向将悬挂起来的多面体切成完全相等的两部分。如果立方体在切割过后完好无损……如果将它轻轻地放在一个平面上……如果它最下面的角可以嵌入这个平面，你就可以得到一个近乎完美的麦迪逊立体花园模型。要想完成这个模型，你需要将横截面以上的部分设计成透明的屋顶，并在横截面以下的区域合理地安排好倾斜座位。

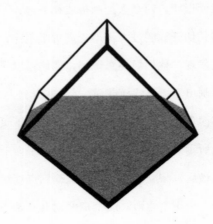

在接下来的岁月里，这座由科恩命名、由伯恩斯和基勒共同设计、具有独特几何结构的麦迪逊立体花园举办了机器人终极格斗联赛、巨猿格斗比赛和 3004 年奥运会等赛事。实际上，麦迪逊立体花园出现在了十集动画片之中，因此它很可能是《飞出个未来》中最有名的数学元素。不过，它并不是最有趣的数学元素。

这个荣誉属于 1,729。

第 15 章

1,729 和一次浪漫事件

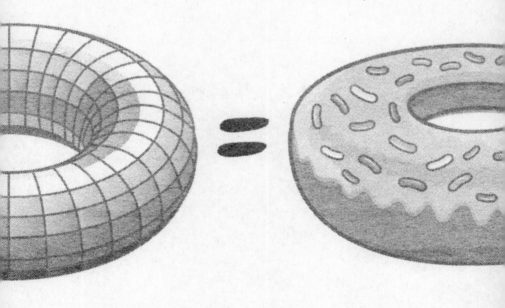

《飞出个未来》中的扎普·布兰尼根是二十五星上将和灵光号星际飞船的船长。他拥有许多粉丝，这些粉丝将他视作勇敢的战斗英雄。不过，他的大多数胜利都是在弱小的对手身上取得的，比如甘地星云的和平主义者和养老星云的退休人员。布兰尼根本质上是一个小丑，他的虚荣和傲慢令他的船员非常恼火。实际上，长期在他身边受气的助理基夫·科洛克上尉很难掩饰他对这位无能领导者的蔑视。

　　基夫是来自两栖类九号行星的外星人，他在《飞出个未来》中的出场常常围绕着他与布兰尼根的异常关系或者他与行星快递实习生艾米·王的持续恋情展开。每当基夫和艾米出现在同一空间时，他们都会最大限度地利用这个机会。在"基夫有喜"（2003）中，艾米来到灵光号上拜访基夫，基夫带她去了全息屋，那里用物体和生物的三维全息投影来模拟现实。当艾米在全息屋里看到一个熟悉的动物时，她高兴地叫了起来。

　　艾米：真是令人振奋！基夫，我一直想要这样的小马，但

　　　　是我的父母说，我的小马已经足够多了。

　　基夫：是的，这是我为你编写的程序，用了四百万行

　　　　BASIC语句！

　　在"我，室友"一集中，我们已经看到了一个基于BASIC计算机编程语言的笑话。虽然引用计算机科学元素是《飞出个未来》的传统，但是一个非书呆子编剧并不理解这句台词。在一次剧本朗读会中，他认为"四百万行BASIC语句！"的说法过于深奥，应该删掉。这种批评一经提出，立即受到了埃里克·卡普兰的坚决反对。卡普兰就是那个学过科学哲学的编剧。当时在场的帕特里克·韦罗内回忆说："埃里克·卡普兰说过一句很有名的话。有人说，'四百万行BASIC语句，谁能知道这是什么意思？'卡普兰很简单地说了一句粗话：'让他们见鬼去吧。'于是，这句话成了准则。如果观众不理解这个笑话，那就让他们去理解下一个笑话吧。"

　　在同一集中，还有一个更为隐晦的数学典故，它出现在灵光号的侧面。目光敏锐而专注的观众会发现，灵光号的登记号码是BP-1729。我们很容易认为这是一个随意选择的号码。不过，《飞出个未来》的编剧永远不会漏掉添加数学元素的机会。所以，更保险的想法是，片中出现的每一个数字都是有意义的。

　　实际上，1,729一定很重要，因为它曾多次出现在这部动画片的不同场景中。例如，在"圣诞节故事"（1999）中，莫姆公

司和莫姆友好机器人公司的马基雅维利式主人莫姆出场了。由于
莫姆拥有制造班德的工厂，因此她认为自己是班德的母亲，并且
给他寄了一张卡片，上面带有他的序列号：

> 圣诞快乐
> 1729 号儿子

　　此外，在"法恩斯沃思魔盒"（2003）一集中，行星快递团
队卷入了与平行世界有关的冒险之中。每个平行世界被装在一个
带有序号的盒子里。弗赖依次查看盒子上的序号，然后跳进了一
个盒子，进入了属于自己的1,729号世界。

　　那么，1,729有什么独特之处呢？也许，它之所以不断出现
在《飞出个未来》之中，是因为它指向了无理数 e 的一段很特别
的序列。如果我们找到 e 的第1,729个小数位，我们就会发现，
它是这个数中第一次出现的连续十个不同阿拉伯数字的开始：

第 1,729 个小数位
↓

$$e = 2.71828\cdots 5889\underline{7071942586}3987727547109\cdots$$

　　一些人可能认为这个现象没什么特别之处。所以，1,729之
所以出现在《飞出个未来》之中，也许是因为它是一个哈沙德数。

哈沙德数是由备受尊重的印度趣味数学家和教师D. R.卡普雷卡尔（D. R. Kaprekar, 1905—1986）提出的。"哈沙德"在古印度的梵语中表示"喜悦提供者"。这些数之所以会带来喜悦，是因为它们是其各个数位上的数字之和的倍数。例如，如果把1,729的各个数位加在一起，我们可以得到1+7+2+9=19，而19的确可以将1,729整除。

此外，1,729还属于一类特别的哈沙德数，因为它是其各数位之和与其颠倒过来的数的乘积：19×91=1,729。因此，这个数很特别，但它并不是唯一的，因为还有三个数具有相同的性质：1、81和1,458。由于编剧团队并不痴迷于1、81和1,458，因此他们反复在脚本中使用1,729一定还有其他原因。

实际上，编剧之所以将1,729作为灵光号的登记号码、班德的序列号以及某个平行世界的编号，是因为数学史上一次非常著名的谈话提到了这个数。这次谈话是由20世纪最伟大的两位数学家戈弗雷·哈罗德·哈代（Godfrey Harold Hardy）和斯里尼瓦瑟·拉马努金在1918年末或1919年初进行的。这两个人具有如此多的共同点，背景却如此迥异，真令人难以想象。

G. H. 哈代（1877—1947）成长于英国萨里郡的一个中产阶级家庭，父母都是教师。两岁时，他已经可以写出七位数了。不久以后，他在做礼拜时通过计算赞美诗数量的因数来打发时间。他获得了很有声望的温彻斯特公学的奖学金，随后进入了剑桥三一学院，加入了精英秘密组织"剑桥使徒会"。30岁时，他已经成了英国少数公认的世界级数学家之一。实际上，在20世纪初，人们感觉法德等国在数学严谨性和数学抱负方面已经超越了英国。不过，哈代的研究和领导工作帮助英国恢复了数学强国的名声。所有这些足以使他进入伟大数学家的殿堂。不过，他还做出了一项更大的贡献：发现和培养了青年才俊斯里尼瓦瑟·拉马努金。在哈代看来，拉马努金是最有天赋的现代数学家。

1887年，拉马努金出生于印度南部的泰米尔纳德邦。两岁那年，他在一场天花中幸存下来，但他的三个弟弟妹妹则没有那么幸运，他们全都夭折了。贫穷的父母将全部希望寄托在唯一的孩子身上，把他送进了当地学校。随着时间的推移，他的老师逐渐发现，拉马努金的数学才能与日俱增，已经把老师甩在了身后。他的数学兴趣和启蒙主要来自他在图书馆里无意中发现的一本《纯数学基本成果概要》，作者是 G. S. 卡尔（G. S. Carr）。这本书介绍了几千个定理和证明过程。他研究了这些定理及其证明方法，不过只能用粉笔和石板进行计算，并用粗糙的胳膊肘擦拭笔迹，因为他买不起纸张。

拉马努金对数学的喜爱使他忽视了其他课程。由于他在其他科目的考试中表现非常糟糕，因此印度的大学拒绝向他提供奖学金。他被迫放弃了学业，找了一份职员工作，并为学生辅导数学，以填补微薄的收入。1909年结婚以后，他尤其需要这种额外收入。

拉马努金21岁结婚，他的新娘扎纳基亚马尔（Janakiammal）只有10岁。

在这一时期，拉马努金开始在业余时间提出新的数学思想。他觉得这些思想非常重要，是一种创新，但却无法向任何人寻求建议和支持。为了更深入地研究数学并获得承认，拉马努金开始给英国数学家写信，希望有人能够指导他，或者至少为他新发现的定理提供反馈。

最终，伦敦大学学院的M. J. M. 希尔（M. J. M. Hill）收到了其中的一批信件。他受到了一定的触动，但他批评了这个年轻的印度人，因为对方使用了过时的方法，并且犯了一些低级错误。他以老师的口吻写道，拉马努金的论文需要"使用非常清晰的字迹，不应该有错误；他不应该不加解释地使用一些符号。"这是一份态度苛刻的成绩单，但希尔至少做出了回应。相比之下，剑桥大学的H. F. 贝克（H. F. Baker）和E. W. 霍布森（E. W. Hobson）则不加评论地退回了拉马努金的论文。

接着，在1913年，拉马努金给G. H. 哈代写了一封信："我没有接受过大学教育，但我学过中小学的普通课程。离开学校后，我一直在利用空闲时间研究数学。我没有走过大学生在校园里经历的那种常规道路，但我正在为自己开辟一条新的道路。"

接着，拉马努金向哈代写了第二封信，提出了120个供他考虑的定理。这位年轻的印度学者后来说，其中许多定理是印度女神拉克希米（Lakshmi）的化身纳马吉里（Namagiri）在睡梦中轻声告诉他的："我在睡梦中经历了不同寻常的事情。有一个红色屏幕，像是由流动的血液形成的。我注视着这个屏幕。突然，一只手开始在屏幕上写字。我聚精会神地看着。这只手写下了一些椭圆积分，它们印在了我的脑海里。当我醒来时，我立即将它们写了下来。"

　　哈代收到拉马努金的论文时，他时而觉得这是一种"欺骗"，时而觉得这些论文精彩得"令人难以置信"。最终，他认为这些定理"一定是成立的，否则没有人能够想象出这样的定理。"哈代将拉马努金称为"具有最高品质的数学家，具有优异的整体独创性和才能的人"。他开始安排这个只有 26 岁的印度青年访问剑桥。作为这样一个优秀人才的发现者，哈代感到非常自豪，他后来将这件事称为"人生中的一次浪漫事件"。

　　最终，两位数学家在 1914 年 4 月见了面。此后，他们共同在一些数学领域做出了重大发现。例如，他们对于"分拆"这一数学操作的理解居功至伟。顾名思义，分拆指的是将一定数量的物体划分为不同的小组。问题是，对于给定数量的物体，有多少种不同的分拆方式？下图中的盒子显示，一个物体只有一种分拆方式，四个物体则有五种分拆方式：

对象   分拆数

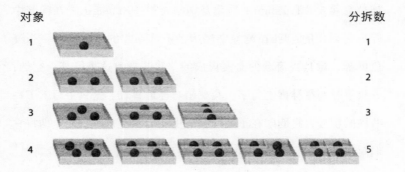

我们很容易确定数量不多的物体的分拆数。不过，当物体数量越来越多时，事情就会变得越来越复杂，因为可能的分拆数会以不规则方式迅速增长。10个物体只有42种分拆方式，100个物体则具有190,569,292种分拆方式。1,000个物体的分拆方式可以达到惊人的24,061,467,864,032,622,473,692,149,727,991种。

哈代和拉马努金的突破之一是用一个公式预测大数的分拆数。这个公式计算起来非常复杂，因此他们又提出了一个粗略的公式，可以很好地估计任意给定数量物体的分拆数。拉马努金还注意到了一个有趣的现象，这个现象今天仍然耐人寻味：如果物体的数量以4或9结尾，那么分拆数总是可以被5整除。举例来说，4个、9个、14个、19个、24个和29个物体的分拆数分别是5、30、135、490、1,575和4,565。

拉马努金做出了许多复杂而精彩的成就，他的才能在1918年得到了承认，他被选为皇家学会历史上最年轻的会员之一。遗憾的是，虽然他在剑桥的生活使他的头脑进入了令人难以置信的冒险之旅，但是英国的寒冬和饮食的变化对拉马努金的健康造成了影响。在 1918 年年末，他离开了剑桥，住进了伦敦帕特尼私人疗养院"科林内特之家"。将拉马努金和《飞出个未来》联系在一起的对话就是在这种背景下发生的。

哈代曾表示："我记得，他在帕特尼养病时，我曾经去看望他。我乘坐了一辆编号为 1729 的出租车。我说，在我看来，这个数字非常无趣，我希望它不是一个不祥的预兆。'不，'拉马努金回答道，'这是一个很有趣的数字；它是能够以两种不同方式表示成两个数的立方和的最小数字。'"

两个人显然不满足于闲聊和八卦。和平时一样，他们的交流总是与数字有关。我们可以将他们的谈话内容表述成下面的形式：

$$1,729=1^3+12^3$$
$$=9^3+10^3$$

换句话说，如果我们有 1,729 个小方块，我们可以将其排列成 1×1×1 和 12×12×12 两个立方体，或者将其排列成 9×9×9 和 10×10×10 两个立方体。能够拆分成两个立方的数很少见，能够以两种不同方式拆分成两个立方的数就更少见了……而 1,729 是具有这种性质的数中最小的一个。为了纪念拉马努金关于哈代出租车的评论，1,729被数学界称为"的士数"。

在拉马努金即兴评论的启发下，数学家们提出了一个与此有关的问题：能够以三种不同方式表示成两个数的立方和的最小数字是多少？答案是87,539,319，因为

$$87,539,319=167^3+436^3$$
$$=228^3+423^3$$
$$=255^3+414^3$$

这个数也被称为的士数，它出现在了《飞出个未来》特别加长篇"班德大行动"（2007）中。当弗赖向一辆出租车招手时，车顶上出现了87,539,319这个数字。当然，将数学上的"的士数"作为出租车的编号是非常恰当的。

因此，《飞出个未来》的编剧之所以使用87,539,319并反复提及1,729，是为了纪念在数学界以外鲜为人知的拉马努金。这是剑桥教师将一个默默无闻的天才挖掘出来的励志故事，但它的结局却很悲惨。拉马努金患上了多种疾病，包括维生素缺乏症和肺结核。他在1919年回到了印度，希望通过更加温暖的气候和更加熟悉的素食恢复健康。在印度住了不到一年以后，1920年4月26日，32岁的拉马努金离开了人世。

不过，拉马努金的思想在现代数学中仍然处于核心地位，并

将永远如此。这是因为，数学语言是普适的，数学证明是绝对的。
同艺术和人文领域的思想不同，数学定理不会流行和过时。正如
哈代本人指出的那样："埃斯库罗斯会被人遗忘，但阿基米德会
被人铭记，因为语言会消亡，但数学思想不会。'不朽'也许是
一个愚蠢的词语。不过，不管这个词语意味着什么，数学家也许
是最有可能实现不朽的群体。"

· · ·

《飞出个未来》中提到的所有的士数都来自编剧肯·基勒，他
是《辛普森一家》和《飞出个未来》中最具数学天赋的编剧之一。
根据基勒的说法，他对数学的喜爱在很大程度上来自他的父亲马
丁·基勒（Martin Keeler）。马丁是一位医学博士，最大的嗜好就
是玩数字游戏。当他和家人外出就餐时，他每次都会在吃完饭以
后寻找账单上的质数，他还让孩子们参与这种游戏。根据肯的回
忆，有一次，他问父亲能否迅速算出平方数的和。例如，如何计
算前五个、前十个或者前 n 个平方数的和？基勒博士想了一小会
儿，然后给出了正确的公式：$n^3/3+n^2/2+n/6$。我们可以用 $n=5$ 的
例子对基勒的公式进行检验：

前五个平方数的和：$1 + 4 + 9 + 16 + 25 = 55$

$$\text{基勒博士的公式：} \frac{5^3}{3} + \frac{5^2}{2} + \frac{5}{6} = 55$$

对于数学家来说，这不是一个很有挑战性的问题。不过，基勒博士并不是数学家。此外，他在解决这个问题时使用了一种极端而高度依赖直觉的方法。在附录4中，肯·基勒做出了简单但比较专业的解释。

父亲对待数学的游戏态度对肯·基勒的学业产生了影响。他在大学里主修应用数学，然后开始攻读应用数学博士学位。不过，在博士毕业后，他在研究和喜剧写作之间摇摆不定，因为编剧也是他的一大爱好。在新泽西州美国电话电报公司贝尔实验室获得研究员职位时，他已经向《大卫深夜脱口秀》的制片人发送了简历。事实证明，这份简历是他的转折点。他获得了加入编剧团队的邀请，离开了研究工作，至此从未回头。后来，基勒先后为《翅膀》和《评论家》工作了一段时间，然后加入了《飞出个未来》团队，与其他六个具有数学倾向的编剧并肩工作。在好莱坞其他任何地方，基勒对1,729的喜爱都不可能得到如此充分的认可。

基勒对《飞出个未来》的其他数学贡献之一是洛氏 $\aleph_0$ 影院，该影院在"愤怒的班德"（2000）中首次亮相。洛氏家族在20世纪经营着世界上最大的一些"多厅影院"。不过，"$\aleph_0$"意味着他们的业务在31世纪得到了极大的扩展。$\aleph_0$（读作阿列夫零）

是一个数学符号，表示无穷。所以，影院的名字意味着它拥有无数个放映厅。根据基勒的说法，当洛氏 $\aleph_0$ 影院在《飞出个未来》中首次出场时，最初的脚本中有这样一句评论：这家拥有无数个屏幕的电影院"仍然不足以同时放映《洛奇》及其所有续集。"

虽然大多数读者并不熟悉 $\aleph_0$，但我们在高中都见过另一个表示无穷的符号 ∞。所以，你可能会问，$\aleph_0$ 和 ∞ 有什么区别？简单地说，∞ 是从整体上表示无穷概念的符号，$\aleph_0$ 则适用于某一类无穷！

"某一类无穷"的概念听上去可能令人难以置信，尤其是因为前面介绍的希尔伯特酒店的故事得出了两个清晰的结论：

（1）无穷 + 1 = 无穷

（2）无穷 + 无穷 = 无穷

你很容易匆匆得出结论：没有比无穷更大的概念，所有无穷具有同样大小。不过，无穷实际上具有不同的大小，我们可以用一个相对简单的说法证明这一点。

我们首先关注 0 和 1 之间的小数集合。这个集合既包括像 0.5 这样的简单小数，也包括像 0.736829474638… 这样拥有许多小数位的小数。这些小数显然有无数个，因为对于任何给定的小数（比如 0.9），都会有更大的小数（0.99），以及更大的小数

（0.999），依此类推。接着，我们可以对 0 和 1 之间小数的无穷与自然数 1、2、3…的无穷进行比较。两种无穷能否分出大小？它们一样大吗？

为了弄清哪个无穷更大（如果它们不一样大的话），想象我们将所有自然数与 0 和 1 之间的所有小数进行匹配，看看会发生什么。第一步是通过某种方式列出所有自然数，并且列出 0 和 1 之间的所有小数。这里规定，自然数应当从小到大排列，小数则可以具有任意顺序。以一对一的方式并排写下两个序列。

自然数	小数
1	0.70052
2	0.15432
3	0.51348
4	0.82845
5	0.15221
⋮	⋮

假设我们可以通过这种方式将自然数和小数对应起来，那么二者的数量一定是相等的，两种无穷也就是相等的了。不过，下面的步骤表明，这种一一对应是不可能实现的。

我们用下面的方法构造一个数。取第一个小数的第一个数位（7），然后取第二个小数的第二个数位（5），依此类推，形成序列 7-5-3-4-1…。接着，为每个数位加 1（0→1，1→2，…，9→0），得到新的序列 8-6-4-5-2…。最后，用这个序列构造一个小数 0.86452…。

0.86452…这个数很有趣，因为它不可能存在于上述 0 到 1 之间的小数序列之中，因此该序列是不完整的。这似乎是一种鲁莽的说法，但它可以得到验证。我们构造出的小数不可能是序列中的第一个数，因为我们知道，二者的第一个数位是不同的。类似地，它不可能是第二个数，因为我们知道，二者的第二个数是不同的，依此类推。总而言之，它不可能是第 n 个数，因为二者的第 n 位是不同的。

我们可以对这种方法稍作修改，证明小数序列中少了许多数。换句话说，当我们试图匹配两个无穷时，0 和 1 之间的小数序列注定是不完整的，这也许是因为小数的无穷大于自然数的无穷。

这种论证方法是康托对角论证的简化版本。康托对角论证是格奥尔格·康托 1892 年发表的一段严密的证明过程。在证明了一些无穷大于另一些无穷以后，康托相信描述自然数的无穷是最小的一类无穷，因此将其记作 $\aleph_0$，其中 $\aleph$（阿列夫）是希伯来文的第一个字母。他觉得 0 和 1 之间的小数集合可能是第二小的无穷类别，因此将其记作 $\aleph_1$（阿列夫一）。此外，还有一些更大的无穷，它们被合理地记作 $\aleph_2$、$\aleph_3$、$\aleph_4$…

因此，我们现在知道，虽然《飞出个未来》中的洛氏 $\aleph_0$ 影院拥有无数个放映厅，但它是最小的一类无穷。如果它是 $\aleph_1$ 影院，它就会拥有更多放映厅。

实际上，《飞出个未来》还在另一个地方提到了康托的无穷分类。数学家将 $\aleph_0$ 称为可数无穷，因为它描述了与自然数相对应的无穷级别。更大的无穷被称为不可数无穷。正如戴维·X.科恩所说，后一个术语在"莫比乌斯·迪克"（2011）一集中偶然提及："我们短暂地进入了这个奇怪的四维世界。周围漂浮着许多个班德，他们都在跳康加舞。随后，班德回到了现实之中，说道，'那是我所见过的最多的不可数无穷个家伙。'"

第 16 章

一面之词

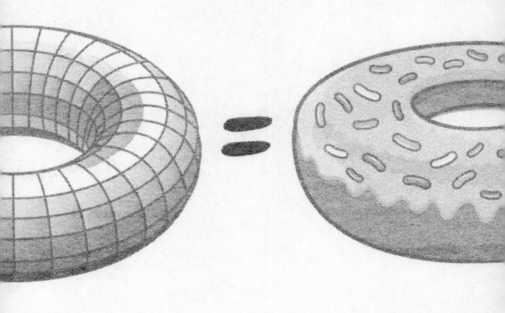

在"莫比乌斯·迪克"中，行星快递号飞船在穿越银河系时无意中进入了百慕大四面体。这是一个飞船坟场，曾有几十艘著名飞船在这里失踪。行星快递号船员决定调查这个区域。结果，一头可怕的四维太空白鲸袭击了他们。莉拉将这头太空白鲸称为莫比乌斯·迪克（*Möbius Dick*）。

这个名字不仅模仿了赫尔曼·梅尔维尔（Herman Melville）的小说《白鲸记》（*Moby-Dick*），而且提及了莫比乌斯带这一古怪的数学对象。莫比乌斯带是由19世纪德国数学家奥古斯特·莫比乌斯（August Möbius）和约翰·利斯廷（Johann Listing）分别发现的。你可以根据他们提供的简单方法亲手制作一个莫比乌斯带。你需要：

（a）一张纸条，
（b）胶带。

首先，取出纸条，将一端扭转半圈，如下页图所示。接着，将纸条两端黏在一起。这就是莫比乌斯带。就这么简单。莫比乌斯带实际上是一个带有旋转的环。

至此，莫比乌斯带看上去不是很特别。不过，我们可以通过一个简单的实验发现它的奇特性质。取出一支毡头笔，在带子上画一条线，其间不能停笔，不能穿越纸的边界，直至回到起始点为止。你会注意到两件事：你转了两圈才回到原点，并且经过了纸带的每个部分。这很不同寻常，因为我们一般认为一张纸有两面，只有在允许笔离开纸或者穿越边界的情况下才能同时在纸的两面上画线。那么，在莫比乌斯带上，到底发生了什么呢？

纸有两个面（正面和背面），纸环通常也有两个面（内面和外面）。不过，莫比乌斯带拥有一个不同寻常的性质：它只有一个面。由于你在连接纸带两头之前旋转了半圈，因此纸带最初的两个面变成了一个面。莫比乌斯带这个不同寻常的性质构成了我一生中最喜爱的第三个数学笑话的基础：

问：小鸡为什么穿越莫比乌斯带？

答：为了来到另一个……呃……！

虽然我们在"莫比乌斯·迪克"一集中并没有看到莫比乌斯带，但《飞出个未来》剧组计划在即将播出的一集中加入这个奇怪而无聊的数学元素。当我2012年秋季在《飞出个未来》办公室里拜访戴维·X.科恩时，他向我介绍了下一季中由法恩斯沃思教授主演的"二维柏油路"一集①。科恩解释说，作为行星快递号的老板，上了年纪的法恩斯沃思变成了一个速度狂人，他提高了飞船的马力，以便参加莫比乌斯短程竞速比赛。正像毡头笔实验展示的那样，这个赛道的有趣之处在于，法恩斯沃思需要跑完两圈才能回到原点。

科恩透露了一些具体情节："莉拉对教授发了火。最终，他们参加了莫比乌斯短程竞速比赛。当莉拉领先时，教授使用了'维度漂移'这一重要赛车技巧。他一边为车轮提供动力，一边拉住紧急车闸，这使他漂移到了更高的维度。所以，他滑出了第三维，短暂地进入了第四维。当他回到第三维时，他可以出现在赛道更靠前的位置上。"

遗憾的是，经过一上一下的维度变换，法恩斯沃思教授的车头朝向了后方，正对着莉拉。两辆车迎头相撞，并被压缩到了第二维度！接下来的故事发生在一个存在维度困难的场景中。

_____

① 这一集的标题来自1971年关于两位街头赛车手的非主流电影《双车道柏油路》。

　　"二维柏油路"在许多方面站在了"荷马³"的对立面。《辛普森一家》中，在《阴阳魔界》的启发下，"荷马³"探索了提升到更高维度的后果。相比之下，"二维柏油路"探索了被压缩到更低维度意味着什么，它也受到了一部经典科幻作品的启发。

　　"二维柏油路"效仿了维多利亚时期爱德温·A. 阿伯特（Edwin A. Abbott）的科幻小说《平面国：多维的浪漫》。故事始于一个叫作"平面国"的二维世界。这个世界由一个平面组成，上面生活着各种形状，比如线段（女人）、三角形（工人阶级）和正方形（中产阶级）。实际上，一个形状的边数越多，就意味着它的地位就越高。所以，女人的地位最低，多边形组成了上层社会，圆则是大祭司。阿伯特是神学家，曾在剑桥大学学习数学，他希望这本《平面国》在读者眼中同时具有讽刺社会和探索几何世界的特点。

　　故事的中心人物和叙述者是正方形，他在梦中来到了一维直线国，住在那里的小点只能沿着一条直线运动。正方形和这些点交谈起来，他想要解释第二维度的概念以及住在平面国的各种形状，但是小点们仍然很困惑。他们甚至无法理解正方形的真正性质，因为他们无法从一维视角想象他的形状。他们将正方形看作线段，因为这就是正方形在经过直线国时留下的横截面。

　　醒来以后，正方形意识到自己回到了平面国。不过，他的奇特经历并没有停止。他遇到了一个来自第三维度的异世界物体，即球体。当然，这一次，轮到正方形迷惑不解了。他觉得球体仅仅是一个圆，因为这就是球体经过平面国时留下的横截面。不过，当球体将正方形拉进空间国时，一切谜团都解开了。当正方形从第三维度俯视平面国的同胞时，他甚至可以推测出存在第四维度、第五维度甚至更高维度的可能性。

正方形回到平面国，试图宣传第三维度的福音，但是没有人相信他的话。更糟糕的是，当局对于这种大不敬行为进行了镇压。实际上，平面国的领导者已经知道球体的存在了，因此他们逮捕了正方形，以避免人们知道第三维度的事情。故事以悲剧收场：由于说真话，正方形被关进了监狱。

那么，即将播出的《飞出个未来》是如何向《平面国》致敬的呢？当法恩斯沃思教授和莉拉在"二维柏油路"中面对面相撞时，他们变成了平面人物，只能在平面世界里滑来滑去。这个世界里有平面动物、平面植物和平面云朵。

在这里，动画片严格遵循了二维世界的规则，这意味着任何物体都不能从其他物体上方通过，只能从它们周围绕过。不过，当我和编辑保罗·考尔德（Paul Calder）观看"二维柏油路"的一段粗剪二维镜头时，考尔德发现一团云朵的毛边与另一团云朵的毛边稍微有些重合。重合在二维世界里是被禁止的事情，因此他们需要在这一集播出之前对其进行修改。

莉拉和教授试图理解这个新世界意味着什么。他们逐渐意识到从三维压缩到二维时，他们的消化道消失了。这是维度转化的必要程序，因为二维世界里的消化道会给他们带来灾难。为了理解这个问题，想象教授是一个用纸剪出来的面向右边的平面人物。在他的嘴和臀部之间画一条线，表示胃肠道。沿着这条线剪下去，将教授身体的两部分稍微分开。在三维世界里，消化道是一条管道；但在二维世界里，它只是一道裂缝。现在，你可以看出问题了。如果在二维世界里拥有消化系统，教授的身体就会分裂成两部分。显然，同样的问题也适用于莉拉。

不过，没有消化道，教授和莉拉就无法进食。二维世界里的其他生物可以通过某种方式吸收营养物质，从而生存下来。他们不需要进食和排泄。然而，教授和莉拉并不具备这种能力。

简而言之，对于教授和莉拉来说，消化道是一种"既不能有也不能没有"的事物。因此，他们需要在饿死之前逃离二维世界。幸运的是，编剧来解救他们了。科恩解释说："教授和莉拉意识到了这一点。他们可以通过维度漂移离开第二维度，进入第三维度。实际上，我们制作了这段精彩的镜头，让他们飞越这片处于二维和三维之间的广阔分形区域。这些场景中含有一些非常精彩的计算机图形设计。"

分形区域的使用十分恰当，因为分形实际上具有分数维度。分形区域出现在从二维世界前往三维世界的旅途中，这正是应该出现分数维度的地方。

如果你希望进一步了解分形，请参考附录5，那里很简单地概述了这一主题，并且特别关注了一个物体为何具有分数维度。

· · ·

"二维柏油路"中的莫比乌斯带与"一切罪恶的道路"（2002）中出现的一个数学概念相呼应。在这一集的一个次要情节中，班德把自己变成了家庭酿酒厂。这个想法来自他和行星快递的同事在7–11便利店的一次买酒经历。7–11便利店里有班德经常喝的老福特兰麦芽酒，这种酒是以20世纪50年代出现的计算机编程语言FORTRAN（"公式翻译"的缩写）的名字命名的。货架上还有"圣泡利不相容原理女孩啤酒"，它将真实的啤酒名称（圣泡利女孩）与量子物理的一个基本原则（泡利不相容原理）结合在了一起。最有趣的是第三瓶啤酒，它叫克莱因酒，装在一只奇怪的烧瓶里。喜欢奇怪几何形状的人会发现，这是克莱因瓶，它与莫比乌斯带具有密切的联系。

这种啤酒的名字用于纪念19世纪德国最伟大的数学家之一
菲利克斯·克莱因（Felix Klein）。当克莱因出生时，他的命运可
能已经注定了，因为他的生日是1849年4月25日，其中每个元
素都是质数的平方：

4 月	25 日	1849 年
4	25	1849
2^2	5^2	43^2

克莱因的研究涉及许多领域，但最为人熟知的还是克莱因瓶。
和莫比乌斯带一样，如果你能亲自构造出一只克莱因瓶，你就可
以更好地理解它的形状和结构。你需要：

（a）一块胶皮，

（b）一些胶带，

（c）第四维度。

如果你和我一样，无法使用第四维度，那么你可以在三维世
界里通过想象制造出一只理论上的伪克莱因瓶。首先，想象将橡
胶皮卷成圆柱体，并将两条直边黏在一起，见下一页的第一张图。
接着，用方向相反的箭头标记圆柱体的两端。然后是最有难度的
步骤：你必须对圆柱体进行扭转，使其两端的箭头指向相同的方

向，然后将其连接起来。

这就是需要使用第四维度的地方。不过，你也可以用不太准确的折中方案凑合一下。按照中间两张图的样子将圆柱体的两端凑在一起，然后想象圆柱体的一端穿过靠近另一端的柱壁，然后在内部向上延伸。最后，按照第四张图的样子将圆柱体穿过柱壁的一端向下卷，以便与圆柱体的另一端连接起来。重要的是，连接完成后，圆柱体两端的箭头将会指向同一方向。

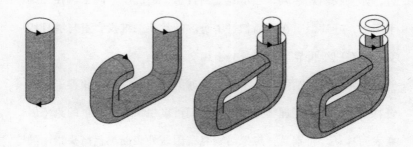

这只克莱因瓶和《飞出个未来》中的克莱因啤酒瓶都是自交的，因为它们都存在于三维世界里。相比之下，四维世界里的克莱因瓶不需要自交。为了解释为何引入另一个维度可以避免自交，让我们考虑维度较低的类似情形。

想象你用笔在纸上画出一个 8 字形。此时，8 字中间的笔迹将不可避免地出现自交，这与圆柱体在克莱因瓶的中间自交是同样的道理。笔迹之所以自交，是因为笔迹线条被限制在了二维表面。不过，如果引入第三个维度，用一条绳子摆出数字 8 的形状，就不会有自交问题了。当一段绳子与另一段绳子叠在一起时，它可以在第三维度上上升。因此，这条绳子不需要自交。类似地，如果胶皮圆柱体可以在第四维度上上升，我们就可以制作出一个没有自交的克莱因瓶。

对于克莱因瓶在三维世界里存在自交、在四维世界里不存在自交的问题，另一种思考方式是考虑我们用三维和二维角度观察风车的情形。在三维世界里，我们看到叶片在塔身前方转动。不过，如果我们观察风车在草地上的投影，情况就不同了。在二维平面上，叶片似乎在不断扫过塔身。叶片在二维投影里与塔身相交，但在三维世界里与塔身并不相交。

克莱因瓶的结构显然不同于普通的瓶子，这使它获得了一个奇特的性质。为了理解这一点，我们可以想象在下一页的克莱因瓶表面移动。特别是，想象沿着克莱因瓶外表面黑色箭头指示的路径前进时的情形。

这个箭头向上移动，然后在颈部的外表面绕回来，下降到相交点。随后，箭头变成了灰色，这说明它进入了瓶子内部。箭头继续前进，很快越过了起始点。不过，它现在位于瓶子的内部。如果箭头继续上升到颈部，然后下降到底部，它就会回到外表面，最终返回原点。箭头可以平滑地在克莱因瓶的内表面和外表面之间移动，因此这两个表面实际上属于同一个面。

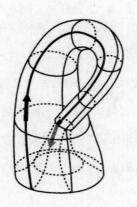

当然，拥有明确的内表面和外表面是瓶子的一个主要标准，因此克莱因瓶并不是具有正常功能的瓶子。毕竟，如果倒入等同于倒出，你又怎么能把啤酒倒入克莱因瓶呢？

实际上，克莱因从未将他的发明称为瓶子。它最初叫作Kleinsche Fläche，意为"克莱因面"。这个名字很恰当，因为它只有一个面。不过，英语国家的数学家很可能将其误听成了Kleinsche Flasche，翻译成英语是"克莱因瓶"。从此，这个名字就流传下来了。

最后，前面说过，克莱因瓶和莫比乌斯带之间存在紧密的联系。最明显的联系是，两个奇怪的物体都是只有一个面。第二个不太明显的联系是，如果将克莱因瓶切成两半，你就可以得到一对莫比乌斯带。

遗憾的是，你无法在派对上表演这个戏法，因为只有当你拥有第四维度时，你才能切割克莱因瓶。不过，你可以剪开莫比乌斯带。实际上，我建议你沿着与边平行的方向剪开莫比乌斯带。你会看到意想不到的结果。

最后，如果你喜欢上了剪纸这种"几何手术"，下面是另一个建议。将一张纸条扭转360度（不同于莫比乌斯带的180度），将两端连接起来。如果沿着与边平行的方向将这个带子剪开，会发生什么呢？请转动脑筋，预测一下这个带有旋转的"解剖实验"的结果。

第 17 章

富图拉马定理

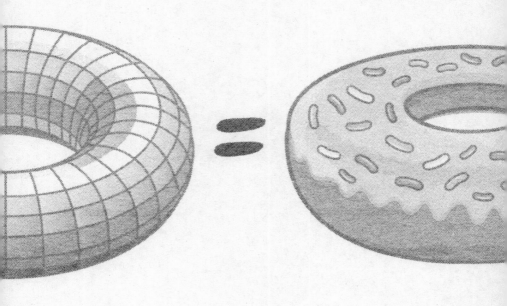

休伯特·杰·法恩斯沃思有时会做出与老年惯犯类似的滑稽举动，因此我们很容易忘记这位教授是《飞出个未来》中的数学天才。实际上，根据大电影《万背之兽》（2008）中的说法，法恩斯沃思曾获得菲尔兹奖。菲尔兹奖是数学界的最高荣誉，有时被称为数学界的诺贝尔奖。不过，该奖项的获得者甚至比诺奖得主更有声望，因为菲尔兹奖每四年才会颁发一次。

这位教授定期在火星大学的《量子中微子场数学》讲座中讨论他的数学思想。他是火星大学的终身教授，这意味着他需要避免终身职位引发的思想僵化风险。在学术圈，这是一个众所周知的现象。美国哲学家丹尼尔·C.丹尼特（Daniel C. Dennett）在《意识的解释》一书中强调了这个问题："幼年海鞘在大海里游荡，寻找合适的岩石或大块珊瑚，以便附着在上面，将其作为一生的居所。在执行这项任务时，它拥有基本的神经系统。当它找到这个地方并扎根时，它就不再需要大脑了，因此它会吃掉自己的大脑（这与获得终身职位非常相似）！"

法恩斯沃思并没有停滞不前，他利用自己的终身职位探索了其他研究领域。所以，他不仅是数学家，也是发明家。实际上，格罗宁和科恩将菲洛·T.法恩斯沃思（Philo T. Farnsworth，1906—1971）的姓氏用在了这位教授身上，这绝不是巧合。菲洛是一位多产的美国发明家，他拥有一百多项美国专利，包括电视技术和迷你核聚变装置。

法恩斯沃思教授最古怪的发明之一是测冷器，它可以准确地评定一个人的凉爽等级，测量结果以兆方奇为单位。一方奇所代表的凉爽程度与20世纪70年代情景喜剧《快乐时光》主角亚瑟·方扎雷利（Arthur Fonzarelli）有关。法恩斯沃思这种根据标志性人物为术语命名的做法与带有玩笑意味的美丽单位"毫海伦"相呼应，后者依据的是克里斯托弗·马洛（Christopher Marlowe）在《浮士德博士》中提到特洛伊城美女海伦的著名诗句："这就是发动一千艘船，烧掉伊卢姆无极塔的那张脸吗？"因此，毫海伦的具体定义是"衡量美丽的单位，对应于发动一艘船所需要的美丽程度。"

从数学角度看，法恩斯沃思教授最有趣的发明是"班达的囚徒"（2010）中的思想交换器。顾名思义，这台机器可以为两个具有感知能力的个体交换思想，使他们进入对方的身体。这一集的数学元素与思想交换器的内部原理无关。相反，剧中人物需要利用数学知识解决这种思想交换所导致的混乱局面。在讨论这个与头脑有关的数学问题之前，让我们先来看看这一集的具体情节，理解思想交换器的具体工作方式。

"班达的囚徒"开头有这样一段字幕:"发生在天鹅座 X-1 的所有事情都会留在天鹅座 X-1。"这句话模仿了著名的格言:"发生在维加斯的所有事情都会留在维加斯。"对于天鹅座 X-1 来说,这句话显然是成立的,因为 X-1 是天鹅座的黑洞,而发生在黑洞中的事情注定会留在黑洞里。编剧之所以选择天鹅座 X-1,很可能是因为它经历了一次有名的打赌,因此被人们看作具有魅力的黑洞。数学家和宇宙学家斯蒂芬·霍金最初怀疑 X-1 不是黑洞,因此他与同事基普·索恩(Kip Thorne)打了赌。经过仔细观察,霍金的观点被证明是错误的,因此他不得不为索恩订阅一年的《阁楼》杂志。

这一集的标题使用了双关语,模仿了维多利亚时代小说《曾达的囚徒》的标题。这部小说的作者是安东尼·霍普(Anthony Hope),描述了卢里塔尼亚(虚构国家)的鲁道夫国王(King Rudolf)在加冕前被邪恶的哥哥下药并绑架的故事。为了避免王位落入他人之手,鲁道夫的英国堂弟利用他与国王长相相似的特点假扮国王。简而言之,《曾达的囚徒》的故事情节与某人获得新的身份有关,这也是《班达的囚徒》的主题。

一开始,法恩斯沃思教授用他的思想交换器和艾米交换了思想,以便获得艾米的身体,体验恢复青春的喜悦。艾米也希望进行这种交换,以便大饱口福,因为她知道教授身体瘦弱,增长一点体重也没有关系。

当班德和艾米交换思想时，情况变得更加复杂。当然，在此次交换之前，艾米的身体里装着教授的思想。因此，交换过后，班德的身体里装着教授的思想，艾米的身体里装着班德的思想。这样一来，班德就可以引诱保安，从而实施盗窃，而且不会有人知道这是他干的。与此同时，教授也去参加了机器人马戏团。随后，人们进行了更多的思想交换，这使情况变得更加混乱。下面列出了这一集中发生的所有交换。每一对人名指的是思想交换中涉及的身体，而不是身体里的思想。

1	法恩斯沃思教授	↔	艾米
2	艾米	↔	班德
3	法恩斯沃思教授	↔	莉拉
4	艾米	↔	沃什·巴基特（Wash Bucket）①
5	弗莱	↔	佐艾伯格
6	莉拉	↔	赫米斯（Hermes）
7	沃什·巴基特	↔	尼古拉皇帝（Emperor Nikolai）②

虽然这种思想交换一共只进行了7次，但是其结果非常混乱。

---

① 沃什·巴基特是一个洗涤桶机器人，一共出场了四集。
② 尼古拉皇帝是"机器人–匈牙利帝国"的机器人皇帝。

一种跟踪交换结果的方法是画出西利图。西利图是由《飞出个未来》的伦敦粉丝亚历克斯·西利博士（Dr. Alex Seeley）发明的。在这张图上，我们可以一目了然地发现，经过七次思想交换，教授的身体里装着莉拉的思想，莉拉的身体里装着赫米斯的思想等。

当这一集接近尾声时，所有人都厌倦了新的身体，希望回到原来的身体里。可惜，思想交换器出了故障，无法对两个已经交换过思想的身体重新进行思想交换。这是一个很大的问题，因为大家并不清楚他们的思想能否回到自己的身体里。

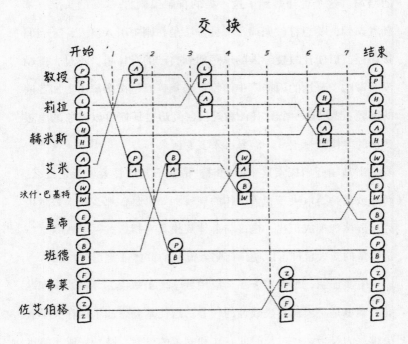

西利图可以对多次思想交换进行跟踪。圆圈代表思想，方块代表身体，里面的字母代表不同的人。最初，9个人的身体和思想是匹配的。每次交换过后，人们的思想会进入不同的身体。例如，第一次交换后，艾米的思想 Ⓐ 进入了教授的身体 P，教授的思想进入了艾米的身体。在交换过程中，每个人的身体处于同一水平线上，他们的思想则会上下移动。

编剧们之所以让思想交换器出故障，是为了使剧情更加有趣。不过，这样一来，他们需要想办法克服这个障碍，得到皆大欢喜的结局。这个责任落到了这一集的首席编剧肯·基勒的头上。基勒意识到，要想打破僵局，一种方法是在剧中引入新人，充当间接路径，以便让教授等人的思想回到自己的身体里。不过，基勒没有考虑"班达的囚徒"中的特定场景，而是试图解决更加普遍的问题：要想让一个具有任意规模、经历过任何可以想象的思想交换的群体恢复正常，需要引入多少新人？

当基勒开始探索这个问题时，他并不知道答案可能是什么。新人数量是否取决于相关群体的规模？如果是，那么新人数量也许与群体规模成正比，也许与群体规模具有指数关系。或者，一定数量的新人也许可以使任何陷入混乱的群体恢复正常？

事实证明，即使对于一个应用数学博士来说，寻找这个问题的答案也是一项极具挑战性的任务。这使基勒想起了他在大学解决难题的经历。经过长时间专注和痛苦的思索，基勒完成了滴水不漏的证明，得到了无可辩驳的结果。基勒的结论具有惊人的简洁性。只需引入两个新人，就可以解开任何规模的思想交换乱局，前提是以正确的方式使用这两个人。基勒这个具有一定技术含量的结论被称为富图拉马定理，又叫基勒定理。

在"班达的囚徒"中，这个证明过程是由环球旅行家家园队两个同样以数学和科学天赋著称的篮球队员糖果·克莱德·狄克森（"Sweet" Clyde Ethan）和伊桑·泡泡糖·塔特（Ethan "Bubblegum" Tate）提出的。实际上，泡泡糖·塔特是环球旅行家大学物理学高级讲师和火星大学市区应用物理学教授。这两个人物在《飞出个未来》中多次出现，而且经常展示自己的数学知识。例如，在"班德大行动"中，泡泡糖·塔特向正在求解时间旅行方程的糖果·克莱德提出了建议："使用参数变动法，展开朗斯基行列式。"[①]

当"班达的囚徒"达到高潮时，糖果·克莱德宣布："Q到E到D！……实际上，不管你们的思想经过了怎样的交换，你们都可以通过最多两个新人恢复正常。"糖果·克莱德在荧光绿色的黑板上迅速写下了简略的证明过程。

要想理解这个用数学语言表述的证明过程，最好的方法是关注它是怎样帮助"班达的囚徒"中的人物摆脱混乱局面的。这个证明过程实际上描述了一种解决混乱局面的巧妙策略。首先，我

① 朗斯基行列式被用于研究微分方程，其名称来自19世纪的法籍波兰数学家约瑟夫·玛利亚·侯恩－朗斯基（Józef Maria Hoene-Wroński）。

2009 年 12 月 9 日，帕特里克·韦罗内在"班达的囚徒"剧本朗读会上拍下了这张模糊的照片。在照片中，肯·基勒站在《飞出个未来》办公室的沙发上，正在唰唰唰地写下富图拉马定理的证明过程。

们需要意识到，经历过思想交换的个体可以划分成具有明确定义的集合；在"班达的囚徒"中，有两个集合。如果仔细研究 297 页的西利图，你会发现，第一个集合由弗莱和佐艾伯格组成，因为这张图的最下面两行表明，弗莱的思想进入了佐艾伯格的身体，佐艾伯格的思想进入了弗莱的身体。我们之所以把这两个人看作一个集合，是因为每个人的思想都在集合里，只是他们的思想和身体没有匹配起来。

另一个集合包括了其他所有人物。西利图显示，班德的身体里装着教授的思想，皇帝的身体里装着班德的思想，沃什·巴基特的身体里装着皇帝的思想，艾米的身体里装着沃什·巴基特的思想，赫米斯的身体里装着艾米的思想，莉拉的身体里装着赫米

糖果·克莱德在"班达的囚徒"结尾写下的富图拉马定理。泡泡糖·塔特注视着证明过程,班德(具有教授的思想)则用敬佩的目光看着这一切。附录 6 列出了这张黑板上的证明过程。

斯的思想,教授的身体里装着莉拉的思想。这就是第二个集合的所有元素。还是那句话,这些人之所以被看作一个集合,是因为每个人的思想都包含在这个集合里,只是他们的思想和身体没有匹配起来。

确定集合以后,基勒加入了两个新人:泡泡糖·塔特和糖果·克莱德。两个人依次解决了两个集合的问题。为了说明这个过程,让我们首先来解决较小的集合。

下面的西利图完整地跟踪了动画片中的交换过程。我们可以看到,一开始,糖果·克莱德与弗莱(具有佐艾伯格的思想)交换了思想。接着,泡泡糖·塔特与佐艾伯格(具有弗莱的思想)

交换了思想。经过接下来的两次交换，弗莱和佐艾伯格的思想都回到了自己的身体里。

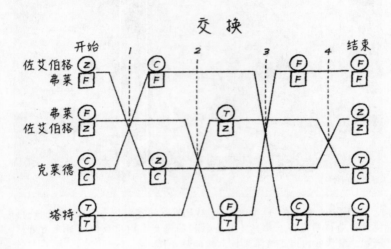

此时，糖果·克莱德和泡泡糖·塔特的身体和思想混在了一起。接下来，我们显然可以通过另一次思想交换使他们的思想回到自己的身体里——这是可以做到的，因为他们相互之间还没有交换过思想。不过，现在还没到进行这一步的时候。两位数学篮球天才的加入是为了以新人的身份解开两个集合的乱局，他们的工作现在还没有结束。所以，他们必须在解决第二个集合的问题之前保持这种状态。

下页的西利图跟踪了针对第二个集合的九次思想交换。我不需要一步一步地向你解释这张图，你只需要知道利用糖果·克莱德和泡泡糖·塔特这两个新人作为回旋空间解决问题的整体模式。

两个人参与了每一次思想交换，所以这张图的最下面看上去比上方区域更加密集。糖果·克莱德和泡泡糖·塔特充当了一种临时渠道，以帮助每个人的思想回到自己的身体里。当这两个人的身体收到某人的思想时，他们立即将其交换到正确的身体里。不管他们收到哪个人的思想，他们都会立即将其交换到正确的身体里。

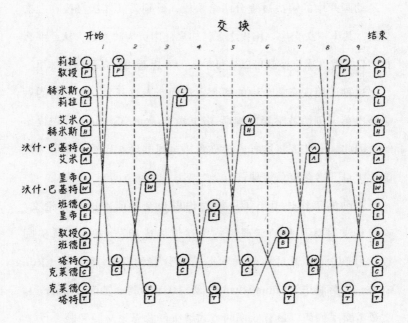

虽然基勒精彩地解决了这个思想交换问题并提出了富图拉马定理，但是有一点不得不提：他要么错过了一个技巧，要么故意忽略了这个技巧，以便使《班达的囚徒》结尾变得更加有趣。这个技巧是一条捷径。我们知道，要想解决任何思想交换问题，我们都需要引入两个新人。不过，在我们所考虑的场景中，某个等待恢复的集合中只有两个人物（弗莱的思想搭配佐艾伯格的身体以及佐艾伯格的思想搭配弗莱的身体）。而且，他们之前并没有与另一个集合中的人物交换过思想。所以，我们可以将他们作为新人解开另一个集合的乱局。

动画片中的解决过程分两个阶段，分别需要四次交换和九次交换，共十三次交换。相比之下，如果使用更为简便的方法，那么我们只需要九次交换就可以让每个人的思想返回到自己的身体里。

这种使用现有集合中的两个人作为新人解开另一个集合的做法是由英国剑桥数学家詹姆斯·格里姆（James Grime）首先提出的。因此，一些人将这种方法称为格里姆推论。当然，这个"推论"源自"富图拉马定理"。

基勒的工作还引出了一篇讨论思想交换问题的研究论文。这篇论文题为"基勒定理与特殊移位的成果"，发表于《美国数学月刊》，作者是加州大学圣迭戈分校的罗恩·埃文斯（Ron Evans）、黄丽华（Lihua Huang，音译）和阮遵（Tuan Nguyen）。文章考察了如何以最有效率的方式解决任意思想交换问题。

不过，基勒并不想发表自己关于思想交换的研究成果。他谦虚地将其描述为"比较普通的数学知识"，而且不太愿意讨论其证明方法。他告诉我，他对富图拉马定理最详细的描述出现在他发给同事的一份伪造脚本中："编剧提交自己的脚本草稿后，作为改写程序的第一步，其他编剧会拿到草稿的复印件，并用半个小时左右的时间进行阅读。我设计了一个恶作剧，让糖果·克莱德在脚本开头的整整一场戏中用数学语言向教授详细解释了他的定理。这场戏占据了三页纸的篇幅。有几位编剧兴奋地读完了所有这些内容，然后在第四页纸上看到了真正的脚本。"

基勒的恶作剧进一步说明，"班达的囚徒"的脚本所依据的是一些非常有趣、具有原创性的数学知识。从许多角度看，这一集都是《辛普森一家》和《飞出个未来》中出现过的所有数学元素的巅峰。最初，迈克·瑞斯和阿尔·让在《辛普森一家》的第一季引入了定格数学笑话。20 年后，为了帮助行星快递号船员，肯·基勒创造出了一个全新的定理。实际上，基勒是电视史上第一位仅仅为了情景喜剧提出数学定理的编剧。

测试五

博士

笑话 1 问：什么是紫色的，并且可以交换？   1 分

答：阿贝尔葡萄！

笑话 2 问：什么是淡紫色的，并且可以交换？   1 分

答：阿贝尔半葡萄。

笑话 3 问：什么有营养，并且可以交换？   1 分

答：阿贝尔汤。

笑话 4 问：什么是紫色的、可以交换，并且被有限人   1 分
崇拜？

答：受到有限尊敬的阿贝尔葡萄。

笑话 5 问：什么是紫色的、具有危险性，并且可以交换？   1 分

答：带着机枪的阿贝尔葡萄。

笑话 6 问：什么又灰又大，并且可以证明自然数的不   2 分
可数性？

答：康托的对角大象。

笑话 7 问：什么是世界上最长的歌曲？   2 分

答：《墙上的 $\aleph_0$ 瓶啤酒》。

笑话 8 问：伯努瓦·B. 曼德尔布罗特（Benoit B.   4 分
Mandelbrot）中的 B. 代表什么？

答：伯努瓦·B. 曼德尔布罗特。

笑话 9　问：你把年幼的本征羊叫作什么？　　　　　　　1 分

　　　　答：小羊，废话！

笑话 10　一天，皇家锁子甲工厂的经理被要求提交一份　　4 分
　　　　样品，以便赢得一个很大的锁子甲上衣和护腿
　　　　订单。
　　　　结果，对方接受了上衣样品，但是觉得护腿太
　　　　长了。经理提交了新的样品。这一次的护腿比
　　　　之前好了一些，但是又太短了。他又提交了一
　　　　份样品。这一次，样品又比之前好了一些，但
　　　　是又太长了。
　　　　经理给数学家打了电话，向她寻求建议。根据
　　　　她的指示，经理制作了另一副锁子甲护腿。这
　　　　一次，对方认为样品非常完美。
　　　　经理向数学家询问计算尺寸的方法，数学家回
　　　　答道：“我只是使用了金属裤子下摆一致收敛
　　　　检验。”

笑话 11　无数个数学家走进了酒吧。酒保说：“你们想　　2 分
　　　　要什么？”第一个数学家说：“我要半瓶啤酒。”
　　　　第二个数学家说：“我要四分之一瓶啤酒。”
　　　　第三个数学家说：“我要八分之一瓶啤酒。”
　　　　第四个数学家说：“我要十六分之一……”酒
　　　　保打断了他们的话，倒了一瓶啤酒，然后说：“你
　　　　们自己分吧。”

总分 – 20 分

后 记

多年来，《飞出个未来》获得了许多荣誉，包括6个艾美奖。这在一定程度上解释了《吉尼斯世界纪录大全》将其视作"当前最受好评动画片"的原因。

类似地，《辛普森一家》曾经20多次赢得艾美奖，是历史上播出时间最长的电视系列剧。在《时代》杂志对20世纪的回顾中，《辛普森一家》被评为最优秀的电视系列剧，巴特·辛普森也被评为全世界最重要的一百个人物之一。他是这份名单上唯一的虚构人物。2009年，巴特及其家人成为历史上第一批在剧集没有完结时就被印在美国邮票上的电视角色。马特·格罗宁自豪地宣布："这是《辛普森一家》获得过的最重要、最具黏着性的荣誉。"

不过，除了这种理所应当的公开承认，两部动画片也获得了书呆子群体的默默欣赏和尊重。对我们来说，《辛普森一家》和《飞出个未来》最大的成就是它们对数学的纪念和戏谑。两部动画片丰富了极客生态圈。

不是书呆子的人很容易认为《辛普森一家》和《飞出个未来》中出现的数学恶作剧肤浅而无聊。不过，这种想法侮辱了电视史上两个最具数学天赋的编剧团队的智慧和心血。他们从未回避赞美数学知识的机会，包括费马大定理和他们自己提出的富图拉马定理。

作为一个社会，我们崇拜伟大的音乐家和小说家，这是无可厚非的。不过，我们很少听到有人提及谦卑的数学家。显然，公众不认为数学是我们文化的一部分。相反，大家往往惧怕数学并嘲笑数学家。不过，在将近四分之一世纪的时间里，《辛普森一家》和《飞出个未来》的编剧一直在偷偷地将复杂的数学思想穿插进黄金时段的电视节目中。

当我对这群洛杉矶编剧的采访接近尾声时，我得出了一个结论：这些人为他们的数学传统感到自豪。与此同时，他们中的一些人对于没能继续自己的数学生涯感到了一丝遗憾。进入好莱坞的机会迫使他们放弃了所有证明伟大定理的梦想。

当我提出编剧们对于脱离研究生活进入电视领域是否感到后悔的话题时，戴维·X.科恩表达了自己的保留意见："这是我们这些编剧、尤其是放弃科学和数学生涯的编剧常常经历的痛苦的自我怀疑。对我来说，归根结底，教育的用处是发现新事物。在我看来，要想在世界上留下你的印迹，最高贵的方式是扩大人类对世界的理解。我在之前的道路上能否实现这一目标？答案很可能是否定的。所以，我也许做出了明智的决定。"

科恩既没有发明全新的计算技术，也没有攻克P是否等于NP的难题，但他仍然觉得自己也许为研究领域作出了间接的贡献:"说实话,我更希望将整个人生投入到研究事业中,但我的确认为《辛普森一家》和《飞出个未来》增加了数学和科学的趣味性,这也许可以影响一代新人;所以,某个后辈也许可以实现我没有实现的事情。我当然可以用这样的想法安慰自己,并在晚上安然入睡。"

当我询问肯·基勒时,他认为自己过去的数学经历是他向喜剧写作行业迈进的一部分:"我们经历的一切事情对我们都有一定的影响,我认为我在研究生院的经历使我成了一名更出色的编剧。我当然不后悔。例如,我把班德的序列号选为1,729,这是数学史上的一个重要数字。我想,这一做法本身足以证明我的博士学位没有白拿。"

"不过,我不知道我的博士论文导师是否具有同样的想法。"

附录 1

足球领域的赛伯统计方法

在奥克兰运动家队老板表现出购买大联盟足球队的兴趣后，比利·比恩很快研究起了足球领域的赛伯统计方法。从那以后，比恩与利物浦、阿森纳和托特纳姆热刺等英国足球队产生了联系。

不过，在比恩的工作开始之前，其他人已经在用数学眼光看待足球了。特别是，有人对于红牌的影响进行了仔细研究。丽莎·辛普森应该会对这个问题产生兴趣，因为在"选手马芝"（2007）中，丽莎在足球赛中被父亲出示了红牌。

1994年，三位荷兰教授G. 里德尔（G. Ridder）、J. S. 克莱默（J. S. Cramer）和P. 霍普斯塔肯（P. Hopstaken）在《美国统计协会期刊》上发表了论文"十人应战：对于足球比赛中红牌影响的估计"。在这篇论文中，作者写道，"我们提出了一个红牌影响模型，该模型考虑到了球队实力的初始差异以及比赛中得分强度的变化。具体地说，我们提出了一个非时间均匀的泊松模型，包括一个涉及具体比赛的双方得分影响因素。我们用独立于具体比赛因素的条件似然估计量估计了红牌的差别效应。"

作者指出，在禁区外对即将进球的对方球员故意犯规的防守球员为球队作出了积极贡献，因为他避免了失球。不过，他也对球队产生了消极影响，因为他会被罚下球场，无法在接下来的比赛中出战。如果犯规发生在比赛的最后一分钟，那么积极影响就会大于消极影响，因为这名球员在比赛快要结束时才被罚下。另一方面，如果犯规发生在第一分钟，那么它的消极影响就会大于积极影响，因为球队将在几乎整场比赛中以十人应战。这些极端情况下的整体影响是显而易见的。不过，如果通过故意犯规阻止对方进球的机会出现在比赛中间呢？这种犯规是否值得？

里德尔及其同事通过数学方法确定了临界时间，即比赛中以被罚下为代价换取不失球的做法开始具有价值的时间点。

我们假设两支球队旗鼓相当。如果对方球员几乎一定会进球，那么在九十分钟比赛的十六分钟以后犯规就是值得的。如果进球的可能性是60%，那么防守球员应该等到四十八分钟以后再去放倒进攻球员。如果进球的可能性只有30%，那么防守球员应该等到七十一分钟以后再去下脚。这并不是数学在体育领域最体面的应用，但它是一个有用的结果。

附录 2

理解欧拉方程

$$e^{i\pi} + 1 = 0$$

欧拉方程的独特之处在于，它将 0、1、π、e 和 i 这五个基本的数学元素结合在了一起。下面这段简单的解释试图阐明 e 的虚数次幂的含义，从而说明这个方程成立的原因。这里假定读者对一些比较高级的概念有所了解，比如三角函数、弧度和虚数。

首先从泰勒级数说起。泰勒级数可以将任何函数表示成无限项的和。如果你想要进一步了解如何构造泰勒级数，你可以将其当成一项家庭作业。在这里，我们只需要知道函数 e^x 可以表示成：

$$e^x = 1 + \frac{x}{1!} + \frac{x^2}{2!} + \frac{x^3}{3!} + \frac{x^4}{4!} + \frac{x^5}{5!} + \cdots$$

这里的 x 可以表示任意值，所以我们可以将 x 替换成 ix，其中 $i^2 = -1$。于是，我们得到了下面的级数：

$$e^{ix} = 1 + \frac{ix}{1!} - \frac{x^2}{2!} - \frac{ix^3}{3!} + \frac{x^4}{4!} + \frac{ix^5}{5!} + \cdots$$

接着，我们将包含 i 和不包含 i 的项放在一起：

$$e^{ix} = \left(1 - \frac{x^2}{2!} + \frac{x^4}{4!} - \cdots \right) + i\left(\frac{x}{1!} - \frac{x^3}{3!} + \frac{x^5}{5!} - \cdots \right)$$

下面是一个看似无关的事实。我们可以用两个泰勒级数表示正弦和余弦函数：

$$\sin x = \frac{x}{1!} - \frac{x^3}{3!} + \frac{x^5}{5!} - \frac{x^7}{7!} + \cdots$$
$$\cos x = 1 - \frac{x^2}{2!} + \frac{x^4}{4!} - \frac{x^6}{6!} + \cdots$$

于是，我们可以用 sinx 和 cosx 来表示 e^{ix}：

$$e^{ix} = \cos x + i \sin x$$

欧拉恒等式涉及 $e^{i\pi}$。只需将 x 替换成 π，我们就可以得到：

$$e^{i\pi} = \cos \pi + i \sin \pi$$

在这里，π 是弧度，是对角的衡量，且 $360° = 2\pi$ 弧度。因此，$\cos\pi = -1$，$\sin\pi = 0$。这意味着

$$e^{i\pi} = -1$$

因此

$$e^{i\pi} + 1 = 0$$

斯坦福大学的英国数学家、"德夫林之角"博客作者基思·德夫林教授（Professor Keith Devlin）指出："欧拉方程深刻揭示了存在的本质，就像莎士比亚的十四行诗捕捉到了爱的精髓，或者一幅油画呈现出了人体的内在美一样。"

附录 3

费马大定理程序

```
/*
    Fermat Near-Miss Finder

    Written by David X. Cohen
    May 11, 1995.

    This program generated the equation:

    1782^12 + 1841^12 = 1922^12

    For "The Simpsons" episode "Treehouse Of Horror VI".
    Production code: 3F04
    Original Airdate: October 30, 1995
*/

#include <stdio.h>
#include <math.h>

main()
{
    double x, y, i, z, az, d, upmin, downmin;

    upmin = .00001;
    downmin = -upmin;

    for(x = 51.0; x <= 2554.0; x ++)
      {
        printf("[%.1f]", x);

        for(y = x + 1.0; y <= 2555.0; y ++)
```

```
    {
    for(i = 7.0; i <= 77.0; i ++)
      {
        z = pow(x, i) + pow(y, i);

        if(z == HUGE_VAL) {
            printf("[*]");
            break;  }

        z = pow(z, (1.0/i));

        az = floor(z + .5);
        d = z - az;

        if(az == y) break;

        if((d < 0.0) && (d >= downmin))
              {
                downmin = d;

                printf("\n%.1f, %.1f, %.1f, = %13.10f\n", x, y, i, z);
              }

        else if((d >= 0.0) && (d <= upmin))
              {
              upmin = d;

              printf("\n%.1f, %.1f, %.1f, = %13.10f\n", x, y, i, z);
              }

        if(z < (y + 1.0)) break;
      }
    }
  }

  return(1);
}
```

附录4

基勒博士的平方和公式

在接受阿巴拉契亚州立大学的莎拉·格林沃尔德博士采访时，肯·基勒叙述了他与父亲马丁·基勒的一段经历。他的父亲凭借直觉解决了一个数学问题。

最大的影响来自我的父亲，他是一名医生……他只学过一学年的微积分。不过，我记得我曾经问他前 n 个数的平方和是多少，结果他在几分钟之内得出了公式：$n^3/3 + n^2/2 + n/6$。

有一件事现在仍然令我非常吃惊。父亲并没有使用几何论证（你在推导前 n 个整数的和时经常使用的方法）或归纳论证。他假设这个公式是一个拥有未知系数的三次多项式，然后用前四个平方和得到了一个四元一次方程组，从而算出了系数。（他是用手算的，而且没有使用行列式。）我问他，你怎么知道这个公式是三次多项式？他说："它还能是什么呢？"

附录 5

分形和分数维度

我们通常认为分形是在所有尺度上拥有自相似模式的模式。换句话说，当我们放大或缩小一个物体时，它的整体模式保持不变。正像分形之父伯努瓦·曼德尔布罗特指出的那样，这些自相似模式存在于大自然之中："花椰菜的形状表明，一个物体可以由许多部分组成，其中每个部分与整体类似，但是比整体小一些。许多植物都是这样。一朵云彩是由许多云团堆叠而成的，这些云团本身也具有云彩的形状。当你接近一朵云彩时，你会发现，在更小的尺度上，它的边缘不是平滑的，而是不规则的。"

分形的另一个独特之处在于，它具有分数维度。为了理解分数维度的含义，我们来考察一个具体的分形物体，即谢尔宾斯基三角形，其构造方法如下。

首先取一个正常的三角形，切掉中间的三角形，得到下一页第一张图上四个三角形中的第一个形状。这个形状拥有三个子三角形。接着，取下每个子三角形中间的三角形，得到图上四个三角形中的第二个形状。接着，再次取下中间的三角形，得到第三个只剩骨架的三角形形状。如果把这个程序重复无数次，我们就可以得到第四个三角形形状，这就是谢尔宾斯基三角形。

　　要想考虑维度，一种方法是考虑物体的面积随边长的变化情况。例如，如果把正常二维三角形的边长增加一倍，它的面积会翻两番。实际上，如果把任何正常二维形状的边长翻番，它的面积都会翻两番。不过，如果我们把上面这个谢尔宾斯基三角形的边长增加一倍，得到下面这个更大的谢尔宾斯基三角形，那么它的面积并不会翻两番。

　　如果把谢尔宾斯基三角形的边长扩大到原来的两倍，它的面积只会变成原来的3倍（不是4倍），因为我们可以用三个灰色的小三角形构造出一个大三角形。这种令人吃惊的面积增速说明，谢尔宾斯基三角形不是二维的。这里略去相关数学细节，只给出结果：谢尔宾斯基三角形的维度是 1.585（准确地说，是 log3/log2）。

　　1.585 维听上去很荒谬，但是你可以通过谢尔宾斯基三角形的构造过程去理解它。这个过程始于一个拥有许多实在面积的二维三角形，然后无数次取走中间的三角形，这意味着最终得到的谢尔宾斯基三角形与一维纤维网络甚至零维点集具有一些相似之处。

附录6

基勒定理

正如301页的图片所显示的，在"班达的囚徒"中，糖果·克莱德·狄克森在荧光绿色黑板上证明了基勒定理（也叫富图拉马定理）。下面列出了证明过程：

首先，令 π 为 $[n]=\{1,\dots,n\}$ 上的某个 k 循环：为不失一般性，记作

$$\pi = \begin{pmatrix} 1 & 2 & \cdots & k & k+1 & \cdots & n \\ 2 & 3 & \cdots & 1 & k+1 & \cdots & n \end{pmatrix}$$

令 $\langle a, b \rangle$ 表示 a 和 b 内容的对换。

假设 π 是通过对 $[n]$ 的独特转换生成的。

引入两个"新人" $\{x, y\}$，记作

$$\pi = \begin{pmatrix} 1 & 2 & \cdots & k & k+1 & \cdots & n & x & y \\ 2 & 3 & \cdots & 1 & k+1 & \cdots & n & x & y \end{pmatrix}$$

令 i 为 1 到 k 之间的任意自然数，令 σ 为转换序列（从左到右）

$$\sigma = (\langle x, 1 \rangle \langle x, 2 \rangle \cdots \langle x, i \rangle)(\langle y, i+1 \rangle \langle y, i+2 \rangle \cdots \langle y, k \rangle)$$
$$(\langle x, i+1 \rangle)(\langle y, 1 \rangle)$$

注意，每次转换都是在 $[n]$ 中的一个元素与 $\{x, y\}$ 中的一个元素之间进行的，因此它们与 $[n]$ 内部生成 π 的转换是不同的，与 $\langle x, y \rangle$ 也是不同的。经过常规检查，可得

$$\pi * \sigma = \begin{pmatrix} 1 & 2 \cdots n & x & y \\ 1 & 2 \cdots n & x & y \end{pmatrix}$$

即可以将 k 循环颠倒过来，并将 x 和 y 颠倒过来（无须执行 $\langle x, y \rangle$）。

现在，令 π 为 $[n]$ 的任意排列：它包含不相交的（非平凡的）循环，每个循环可以按照上面的顺序颠倒回来。然后，如果需要，可以通过 $\langle x, y \rangle$ 将 x 和 y 颠倒过来。

致　谢

　　如果没有《辛普森一家》和《飞出个未来》众多编剧的支持，我无法完成此书。这些编剧不仅拿出宝贵的时间接受采访，而且常常向我提供超出正常职责范围的帮助。我要特别感谢J.斯图尔特·伯恩斯、阿尔·让、肯·基勒、蒂姆·朗、迈克·瑞斯、马特·塞尔曼、帕特里克·韦罗内、乔希·温斯坦和杰夫·韦斯特布鲁克。此外，自从我在2005年第一次回复戴维·X.科恩的电子邮件以来，他一直非常友好和耐心，并且慷慨地提供了他的宝贵时间。另外，肯、迈克、阿尔、戴维以及迈克·班南（Mike Bannan）都为这本书提供了个人照片。我还要感谢福克斯和马特·格罗宁，他们向我提供了使用《辛普森一家》和《飞出个未来》剧中图片的许可。

　　感谢罗尼·布鲁恩，他向我提供了关于数学俱乐部的信息。感谢艾米·乔·佩里（Amy Jo Perry），她帮助我安排了采访，并且在我访问洛杉矶期间非常热情地接待了我。我还要感谢莎拉·格林沃尔德教授和安德鲁·内斯特勒教授，他们拿出宝贵的时间接受了采访。我建议读者访问他们的网站，以了解《辛普森一家》和《飞出个未来》中的更多数学知识。

　　这是我作为父亲完成的第一本书。所以，我要感谢我三岁的儿子哈里·辛格，他在去年的许多时间里袭击了我的键盘，并在我不注意时在我的手稿上留下了口水。他是我最好的工作消遣。

当我把自己关在办公室里时，辛格太太（即阿妮塔·阿南德）很好地完成了陪伴哈里的任务，她和他一起做蛋糕，画图画，孵蝴蝶，杀火龙，捉迷藏。当她把自己关在办公室里写书时，我们要么让哈里在街上自由奔跑，要么让不同的人照看他。感谢辛格奶奶、辛格爷爷、阿南德姥姥、纳塔利（Natalie）、艾萨克和马哈利娅（Mahalia）。

和以前一样，帕特里克·沃尔什（Patrick Walsh）、杰克·史密斯－博赞基特（Jake Smith-Bosanquet）和他们在康维尔与沃尔什文稿社的同事一直在向我提供支持和建议。除此以外，我还有幸新结识了一位英国编辑纳塔利·亨特（Natalie Hunt），并且非常幸运地与乔治·吉布森（George Gibson）实现了再次合作。当我出版第一本关于费马大定理的书时，吉布森就非常信任我这个初出茅庐的新手作家。

在研究过程中，我参考了由《辛普森一家》和《飞出个未来》忠实粉丝创建和管理的各种网络资源。在线资源部分介绍了这些网站的详细信息。感谢道恩·泽吉（Dawn Dzedzy）和迈克·韦伯（Mike Webb）提供了关于棒球的建议，感谢亚当·拉瑟福德（Adam Rutherford）和詹姆斯·格里姆提供了各种建议，感谢亚历克斯·西利提供了其他建议，感谢约翰·伍德拉夫（John Woodruff）提供了更多建议，感谢劳拉·斯图克（Laura Stooke）记录了我的采访内容。我还要感谢苏珊·佩拉（Suzanne Pera），她在过去十几年时间里帮助我完成了所有文书和管理工作，并在今年退休。她是十足的超级明星，避免了我的生活陷入崩溃。

在线资源

安德鲁·内斯特勒教授和莎拉·格林沃尔德教授为那些希望对《辛普森一家》和《飞出个未来》中的数学内容进行探索的人提供了优秀的在线资源，包括面向教师的材料。

《辛普森一家》与数学

www.simpsonsmath.com

http://homepage.smc.edu/nestler_andrew/SimpsonsMath.htm

《辛普森一家》活动表

http://mathsci2.appstate.edu/~sjg/simpsonsmath/worksheets.html

《飞出个未来》与数学

http://www.futuramamath.com

http://mathsci2.appstate.edu/~sjg/futurama

其他一些网站提供了关于《辛普森一家》和《飞出个未来》的一般性信息，其中一些网站包含了讨论数学元素的板块。

《辛普森一家》

http://www.thesimpsons.com/

http://simpsons.wikia.com/wiki/Simpsons_Wiki

http://www.snpp.com/

《飞出个未来》

http://theinfosphere.org/Main_Page

http://futurama.wikia.com/wiki/Futurama_Wiki

http://www.gotfuturama.com/

图书在版编目（CIP）数据

数学大爆炸 /（英）西蒙·辛格著；刘清山译. --
南昌：江西人民出版社，2018.8
ISBN 978-7-210-10366-0

Ⅰ．①数… Ⅱ．①西… ②刘… Ⅲ．①数学—普及读
物 Ⅳ．①O1-49

中国版本图书馆CIP数据核字(2018)第085812号
Copyright © Simon Singh 2013
This edition arranged with Conville & Walsh Limited
through Andrew Nurnberg Associates International Limited .
本书中文简体版权归属于银杏树下（北京）图书有限责任公司。
版权登记号：14-2018-0089

数学大爆炸

作者：[英] 西蒙·辛格　　译者：刘清山

责任编辑：王　华　韦祖建　特约编辑：黄　犀　郎旭冉

筹划出版：银杏树下　　出版统筹：吴兴元

营销推广：ONEBOOK　　装帧制造：墨白空间

出版发行：江西人民出版社　印刷：北京京都六环印刷厂

889 毫米 ×1194 毫米　1/32　10.5 印张　字数 196 千字

2018 年 8 月第 1 版　2018 年 8 月第 1 次印刷

ISBN 978-7-210-10366-0

定价：42.00 元

赣版权登字 01-2018-321

- -